••• Títulos relacionados

OTROS TÍTULOS DE ESTE CERTIFICADO

Procesos de corte
y preparación de bordes
UF1622
Carlos Alonso Marcos

ISBN: 978-84-283-9853-4

Interpretación de planos
en soldadura
UF1640
Carlos Alonso Marcos

ISBN: 978-84-1366-032-5

Soldadura MAG de chapas
de acero al carbono
UF1673
Carlos Alonso Marcos

ISBN: 978-84-283-9846-6

Soldadura MAG de estructuras
de acero al carbono
UF1674
Carlos Alonso Marcos

ISBN: 978-84-283-6281-8

Soldadura MIG de acero
inoxidable y aluminio
UF1675
Carlos Alonso Marcos

ISBN: 978-84-283-6537-6

Soldadura con
alambre tubular
UF1676
Carlos Alonso Marcos

ISBN: 978-84-283-9843-5

Solicítalos en:

- Librería
- www.paraninfo.es
- Solicitudes nacionales +34 914 463 350
- Solicitudes fuera de España +34 913 308 907, +34 913 308 919

Soldadura MAG de estructuras de acero al carbono

Carlos Alonso Marcos

Autor: Carlos Alonso Marcos
Edición y maquetación: Ediciones Nobel, S. A.
Corrección: Paloma Valverde

Impresión: Tórculo Comunicación Gráfica (Santiago de Compostela)
ISBN: 978-84-283-6281-8
Depósito legal: M-27100-2023

Impreso en España

Autor

Actualmente, Carlos Alonso es docente de Soldadura en el Centro de Formación en Electricidad, Electrónica y Aeronáutica de la Comunidad de Madrid en Leganés, donde prepara para el empleo a personas con perfiles, edades y circunstancias muy diferentes. Durante los años 2012 y 2013 se impartieron en este centro los primeros Certificados de Profesionalidad de Soldadura de la región.

Hasta la fecha, Carlos ha impartido más de 11.000 horas docentes.

Formado como técnico en Soldadura y Delineación, el autor ha vivido un largo peregrinaje para su aprendizaje, tanto profesional como personal, desde sus inicios como peón y su paso por multitud de empresas en las que ha desarrollado múltiples facetas profesionales. Ha trabajado como soldador en el sector de recipientes de alta presión, naval, aeronáutico y espacial. Actualmente se dedica a la soldadura de materiales especiales para distintas aplicaciones; es también instructor de prácticas en el Máster de Ingeniero Técnico Especialista Europeo Internacional de Soldadura de EWF/IIW; asimismo, colabora con TÜV SÜD ATISAE para la realización de labores de asistencia técnica y de formación, y con el Instituto Nacional de Cualificaciones (INCUAL).

Carlos Alonso es un firme defensor de adaptar la formación al alumno como forma de obtener la mejor versión de cada persona.

Agradecimientos

Muchas gracias a 3M, CARBUROS METÁLICOS, CASTOLÍN, FRONIUS, ICM X-ray, IFAP Madrid, MILLER, VOESTALPINE BÖHLER WELDING y al CF en Electricidad, Electrónica y Aeronáutica de Leganés por la ayuda técnica prestada.

Al maestro Charles Vega Schmidt, por todo su saber, ejemplo y disposición a compartirlo, y a Paloma Valverde por su consejo, apoyo y humanidad.

A los que por su forma de ser son una inspiración para mí: Antonio Porras y familia, doy las gracias por que existan personas así en el mundo; a mi "hermana" Begoña de Aragón, ¿qué nos quedará por ver?; a Luis Cordero, mi "padre adoptivo"; a Tere Armada, la mujer más valiente que he conocido; a César González y familia, un artista de la vida; a Juan Herguedas, genio y figura; a Juan Carlos Sánchez por su rol de hermano mayor; a Carlos Martín, un amigo siempre dispuesto; a cierta panda de bandidos con un tal Juli al frente...; a Lucía Antón y a Jaime Pérez porque son únicos y me conformaría con ser la mitad de bueno que ellos; a Beni Sánchez, porque no se conforma con ayudar sino que además te da fuerza y apoyo cuando lo necesitas; a Ángel Saavedra, que está hecho de otra pasta y es la prueba de que todavía existe el bien en la Tierra; a Juan Luis López, Juanlu, a quien admiro y quiero cada día más; a Leonor y a Antonio, de Cantabria, por acogerme y por lo aprendido en ese tiempo; a Óscar Alfonso por su singularidad y a Lourdes Peláez, que se ha ganado un sitio en mi corazón; a Rafa Escudero y a Severiano Varela, porque lo que importa no es que queráis cambiar el mundo, es cómo nos enseñáis a hacerlo.

A Francisco Molleda y Jorge Quesada, por el privilegio del tiempo que me dedicaron en la facultad de Ingeniería Naval de la UPM. A José María Miguel (Chema) de BÖHLER, Vicente Cubero (MILLER), Isaac Lozano (FRONIUS), Ignasi Torres (CARBUROS METÁLICOS) y Rafael Abad por su ayuda y cuidado trabajo de fotografía.

A los compañeros del CRN de Leganés, IFAP Madrid, Salesianos de Atocha, Área de Formación y Agremia.

A mis alumnos de todos estos años de formación para el empleo: las dificultades, si la persona es madura, pueden sacar lo mejor de nosotros.

A Paraninfo, al equipo de producción por su gran profesionalidad, apoyo y paciencia; a mi editora Ana de la Calle, sin la que nada de esto habría sido posible.

A Carmen Torres, María Jiménez y a Jesús Fernández, el primero en ver sus alas blancas. A "Miguelín", porque nunca tendré un amigo más fiel; al Hospital Niño Jesús de Madrid y a los padres de niños TGD/TEA, mucha fuerza y ánimo.

En palabras de Rafael García: "La actitud ideal es estar satisfechos con nuestra insatisfacción.... siempre y cuando esta insatisfacción no implique malestar sino motivación para alcanzar un nuevo estado de satisfacción. Porque en ello consiste la vida: en disfrutar de lo que tenemos mientras vamos en busca de lo que queremos".

Este libro no tendría páginas suficientes para agradecer la ayuda, el cariño y la colaboración de todos los que de alguna manera han participado. Quiero dedicarlo especialmente a todo aquel que en algún momento se sintió solo/a, abandonado/a o, simplemente, nadie creyó que podría hacer algo por si mismo/a.

A Dio, Pink Floyd, Wasp, David Bowie, Bad Omens, 30 Seconds to Mars y demás grandes del rock por la inspiración y compañía en los años de preparación de estos libros.

En memoria de Antonio Blas, Julián Marcos y Matea Revenga... tened paciencia conmigo, hago lo que puedo para seguir las pistas que me vais dejando, pues yo también escribo DESTINO con mayúscula.

Para Cora, Wanda, Zoe, Runa, Nova y Hayat. ¡Echadme una pata, chicas!

A mi mujer Mayte y a mi hijo Darío, que son el verdadero motor de todo.

"El primer paso de la ignorancia es presumir de saber"

Albert Einstein

Índice

Introducción normativa

La Ley Orgánica 5/2002, de 19 de junio, de las Cualificaciones y de la Formación Profesional fue el primer texto legislativo que reguló de forma exclusiva las enseñanzas profesionales en España. Una de sus novedades consistió en relacionar directamente la formación con el empleo, permitiendo las convalidaciones y equivalencias entre la Formación Profesional del sistema educativo, la Formación Profesional para el empleo, y experiencia laboral. Para poder desarrollar estas medidas se creó el Sistema Nacional de Cualificaciones Profesionales y dos instrumentos básicos: el Catálogo Nacional de Cualificaciones Profesionales y el Catálogo Modular de Formación Profesional.

Las Cualificaciones Profesionales responden a la iniciativa que impulsa el Marco Europeo de las Cualificaciones (EQF), para facilitar un espacio abierto de aprendizaje y de empleo, así como la adecuación entre oferta y demanda no solo a nivel estatal, sino entre los distintos países.

El Catálogo Nacional de Cualificaciones Profesionales ordena las cualificaciones profesionales, incluyendo el contenido de la formación profesional asociada a cada cualificación, de acuerdo con una estructura de módulos formativos articulados en un Catálogo Modular de Formación Profesional. Entre sus principales objetivos tiene el posibilitar la integración de las ofertas de formación profesional, adecuándolas a las características y demandas del sistema productivo.

Para conseguirlo, este Catálogo, además de identificar y definir las cualificaciones profesionales que requiere el sistema productivo, establece los contenidos formativos básicos que resultan necesarios para que las ofertas formativas garanticen la adquisición de las competencias profesionales apropiadas para el desempeño profesional.

Las Cualificaciones Profesionales se acreditan mediante "Títulos" de Formación Profesional del sistema educativo, y Certificados de Profesionalidad de Formación para el Empleo. Ambas acreditaciones tienen carácter oficial y son válidas en todo el Estado.

Los contenidos asociados a las cualificaciones profesionales constituyen el Catálogo Modular de Formación Profesional, que se estructura en módulos formativos.

Mediante la superación de los módulos formativos, diseñados en itinerarios específicos para cada Cualificación Profesional, se puede obtener el Certificado de Profesionalidad correspondiente. Además, se posibilita la convalidación de determinados módulos profesionales incluidos en los títulos de Formación Profesional del sistema educativo, asociados a Unidades de Competencia comunes.

El Certificado de Profesionalidad es, por tanto, el instrumento de acreditación, en el ámbito de la Administración laboral, de las cualificaciones profesionales incluidas en el Catálogo Nacional de Cualificaciones Profesionales, adquiridas a través de procesos formativos o mediante procedimientos de reconocimiento de competencias profesionales adquiridas por experiencia laboral o vías no formales de formación, regulados por el Real Decreto 1224/2009, de 17 de julio.

ESTRUCTURA DE UNA CUALIFICACIÓN

DATOS DE IDENTIFICACIÓN
Denominación
Nivel
Competencia general
Entorno profesional

UNIDADES DE COMPETENCIA		FORMACIÓN ASOCIADA
Unidad de competencia 1	⟷	Módulo formativo 1
Unidad de competencia 2	⟷	Módulo formativo 2
Unidad de competencia N	⟷	Módulo formativo N

Las cualificaciones profesionales se estructuran en unidades de competencia, que se definen como agrupaciones de tareas productivas específicas que debe realizar el profesional. Las diferentes unidades de competencia de un certificado de profesionalidad conforman la Competencia General, definiendo el conjunto de conocimientos y capacidades que permiten el ejercicio de una actividad profesional determinada.

Cada unidad de competencia lleva asociado un módulo formativo, donde se describe la formación necesaria para adquirir esa unidad de competencia, pudiendo dividirse en unidades formativas.

El módulo formativo es el bloque coherente de formación asociado a cada una de las unidades de competencia que configuran la cualificación. Cada módulo formativo tiene un formato normalizado que incluye los datos de identificación y las especificaciones de la formación que se incluyen en las ofertas formativas conducentes a la obtención de los certificados de profesionalidad.

DATOS DE IDENTIFICACIÓN:

— Denominaclón.
— Nivel de cualificación al que se vincula.
— Unidad de competencia a la que está asociado.
— Código alfanumérico y duración en horas.

ESPECIFICACIONES DE LA FORMACIÓN:

— Capacidades: expresión de los resultados esperados de las personas en situación de aprendizaje al finalizar el Módulo Formativo.

— Criterios de evaluación: conjunto de precisiones para cada capacidad que indican el grado de concreción aceptable de la misma. Delimitan el alcance y nivel de la capacidad y el contexto en el que va a ser evaluada.

— Contenidos formativos necesarios para adquirir las competencias a las que se asocia. Requisitos básicos del contexto formativo: espacios e instalaciones y perfil profesional del formador. Estos requisitos tienen carácter orientador para la normativa básica reguladora de las ofertas formativas.

El presente libro desarrolla la Unidad Formativa denominada *Soldadura MAG de estructuras de acero al carbono*, UF1674.

Dicha unidad formativa está asociada a la Unidad de Competencia UC0101_2, forma parte del Módulo Formativo *MF0101_2 Soldadura con arco bajo gas protector con electrodo consumible* perteneciente a la Cualificación Profesional de referencia FME035_2, de nivel 2, incluida en el Certificado de Profesionalidad denominado *Soldadura oxigás y soldadura MIG/MAG*, dentro de la familia profesional Fabricación mecánica.

Según los Reales Decretos 1525/2011, de 31 de octubre, y RD 1525/2011, de 31 de octubre, modificado por el RD 618/2013, de 2 de agosto, los contenidos que en esta obra se recogen se corresponden con una duración de 90 horas.

Tanto la estructura como el desarrollo del libro se ajustan al citado real decreto y más concretamente a los contenidos de la Unidad Formativa que le da título *Soldadura MAG de estructuras de acero al carbono*.

CONTENIDOS

1. **Técnicas operativas de soldeo MAG de perfiles normalizados de acero al carbono**

   — Tipos y características de los perfiles normalizados.

   — Formas de las juntas:

     • Preparación de las uniones a soldar.

     • Técnicas y normas de punteado.

   — Instalación y mantenimiento básico del equipo de soldeo MAG.

   — Instalación de los útiles de sujeción.

   — Selección de la forma de transferencia.

   — Regulación de los parámetros principales en la soldadura MAG de perfiles: Polaridad. Tensión de arco. Intensidad de corriente. Diámetro y velocidad de alimentación del hilo. Naturaleza y caudal del gas.

   — Inclinación de la pistola según junta y posición de soldeo.

   — Sentido de avance en aportación de material.

   — Distancia pistola-pieza.

   — Técnica de soldeo en las diferentes posiciones de soldadura.

   — Distribución de los diferentes cordones de penetración, relleno y peinado.

   — Tratamientos presoldeo y postsoldeo.

   — Aplicación práctica de soldeo de perfiles de acero al carbono en diferentes posiciones con hilo sólido.

2. **Técnicas operativas de soldeo MAG de tubos de acero al carbono**

   — Formas de las juntas:

     • Preparación de las uniones a soldar.

     • Técnicas y normas de punteado.

   — Instalación y mantenimiento básico del equipo de soldeo MAG.

   — Instalación de los útiles de sujeción.

   — Selección de la forma de transferencia.

   — Regulación de los parámetros principales en la soldadura MAG de tubos: Polaridad. Tensión de arco. Intensidad de corriente. Diámetro y velocidad de alimentación del hilo. Naturaleza y caudal del gas.

   — Inclinación de la pistola según junta y posición de soldeo.

   — Sentido de avance en aportación de material.

— Distancia pistola-pieza.
— Técnica de soldeo en las diferentes posiciones de soldadura.
— Distribución de los diferentes cordones de penetración, relleno y peinado.
— Tratamientos presoldeo y postsoldeo.
— Aplicación práctica de soldeo de tubos de acero al carbono en diferentes posiciones con hilo sólido.

3. Defectos en la soldadura MAG de estructuras de acero al carbono

— Inspección visual de las soldaduras.
— Ensayos utilizados para la detección de errores.
— Tipos de defectos más comunes.
— Factores a tener en cuenta para cada uno de los defectos.
— Causas y correcciones de los defectos.

4. Normativa de prevención de riesgos laborales y medioambientales en la soldadura MAG de estructuras de acero al carbono

— Evaluación de riesgos en el soldeo MAG.
— Normas de seguridad y elementos de protección.
— Utilización de equipos de protección individual.
— Gestión medioambiental. Tratamiento de residuos.

Desde que en 1941 Meredith y Pavlencka crearon la pistola TIG (*Tungsteno Inerte Gas*) y con ello el medio definitivo que permitió aplicar este proceso a la producción, solo pasaron unos años hasta que en 1948 hizo su aparición el proceso MIG (*Metal Inerte Gas*). Fue desarrollado en el *Battelle Memorial Institute*, una de las mayores organizaciones de investigación y desarrollo sin ánimo de lucro del mundo, fundada por el empresario Gordon Battelle.

Aunque el TIG puede aplicarse a la soldadura de materiales férreos y no férreos, en términos productivos resulta un proceso lento para espesores mayores de 3-5 mm. Por esta razón, se modificó el diseño de la pistola para sustituir el tungsteno no consumible por un electrodo de alambre conectado a una fuente de alimentación de voltaje constante diseñada por E. H. Kennedy. Igual que en la soldadura con electrodo revestido, el alambre y el material base están conectados a distintos polos de la fuente de alimentación. Al entrar en contacto, salta el arco eléctrico y provoca que la temperatura de la zona se eleve hasta producir la fusión de ambos. El alambre o hilo se aporta de forma continua al baño de fusión formando el cordón de soldadura. El gas de protección se encarga de que los gases atmosféricos no tengan contacto con el baño de fusión, evitando así que en el cordón se introduzca hidrógeno, oxígeno y vapor de agua, que podría provocar defectos tales como fisuras, óxidos, poros, etc.

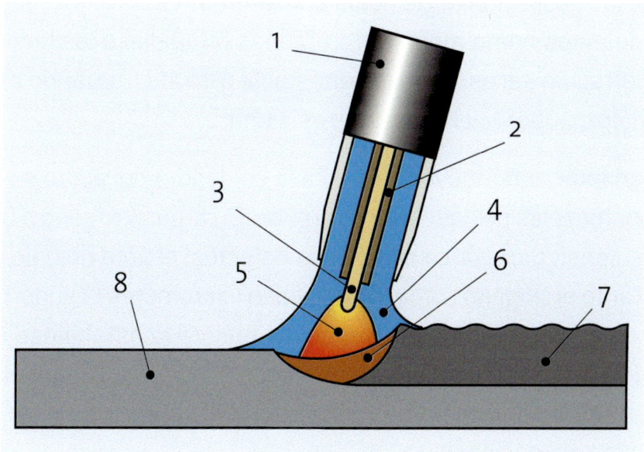

1. Boquilla de gas - 2. Protección del gas - 3. Varilla de aporte - 4. Baño de soldadura - 5. Cordón de soldadura - 6. Metal base

Figura 1.1. *Soldadura MIG/MAG. Gentileza de* ***CASTOLÍN.***

El nuevo proceso que surgió de modificar la antorcha TIG fue bautizado como MIG (Metal Inerte gas) haciendo referencia a que utilizaba argón o helio como gas protector de la soldadura. Estos gases inertes no reaccionan con los gases que componen la atmósfera ni producen ningún efecto sobre el metal base o el hilo.

Figura 1.2. *Soldadura MIG de aluminio. Gentileza de* ***MILLER.***

De este modo, el proceso MIG se convirtió en una alternativa al TIG en la soldadura del aluminio, magnesio, titanio y níquel. Sin embargo, para aceros al carbono, el alto coste de los gases inertes lo hacía una alternativa cara que, además, causa fácilmente defectos como mordeduras (zonas hundidas a los lados de los cordones), penetración escasa con arco inestable y errático, cuando es atraído por el óxido de hierro superficial de las piezas a unir.

Para poder adaptar este nuevo proceso a la soldadura del acero se sustituyó el gas inerte por mezclas de gases como argón/CO_2, argón/oxígeno o CO_2 puro. Con el cambio se consiguió reducir mucho los defectos: el arco dejó de ser errático, puesto que tanto el oxígeno como el CO_2 oxidan ligeramente la superficie a soldar. Así, toda la unión atrae por igual al arco; se mejoró la estabilidad del arco y la penetración de la soldadura, ya que las mezclas conducen mejor el calor que el argón puro, y se abarataron los costes permitiendo que en 1952 se empezara a utilizar en estas aplicaciones.

Para diferenciar las aplicaciones del proceso en la soldadura de los aceros en general frente a la de las aleaciones no férreas recibió el nombre de soldadura MAG (Metal Activo Gas).

En general, el proceso MIG MAG se ha convertido en uno de los principales métodos de unión soldada en todo el mundo y es, probablemente, el más utilizado

Figura 1.3. *Soldadura MAG de acero al carbono. Gentileza de* ***MILLER.***

en la industria. Convive con el resto de los procesos manuales (TIG y electrodo revestido), pues las diferencias entre ellos hacen que cada uno tenga su parcela particular donde destaca frente al resto en algunas de las múltiples aplicaciones específicas de la soldadura.

A continuación, se enumeran las principales características del MIG/MAG:

- Al igual que el TIG, el MIG MAG deja los cordones limpios y sin escorias, pero es mucho más rápido y productivo.
- En general no produce muchas proyecciones.
- La longitud de los cordones es casi ilimitada, lo que supone realizar menos empalmes entre cordón y cordón y, por lo tanto, implica una mayor productividad y un riesgo menor de fallar al ejecutarlos.
- En comparación con el electrodo revestido, el MIG MAG es mucho más fácil de utilizar para la soldadura de chapas finas, ya que permite un mayor control sobre la cantidad de calor que se aporta.
- Es válido para la soldadura de los aceros, ya sean aceros al carbono (C), aleados, fundiciones o inoxidables, así como para la soldadura del aluminio (Al), del níquel (Ni), del magnesio (Mg) y del cobre (Cu).
- En teoría, el rendimiento del hilo es el más alto, pudiendo llegar al 95 % (únicamente un 5 % del material de aporte se pierde, por ejemplo, en proyecciones). Sin embargo, solo con que la bobina se atasque una vez, solucionar la avería supone desperdiciar metros de alambre.

- El MIG MAG es el proceso menos portátil, ya que los equipos son los más grandes y aparatosos de todos los que se utilizan en soldadura y, al igual que el TIG, depende de una botella o similar para aportar el gas de protección.
- En cuanto al precio, el equipo de MIG MAG suele ser más caro en comparación con el resto de los equipos.
- La soldadura MIG MAG está limitada en trabajos de campo. Ello es debido a que las corrientes de aire pueden desplazar el gas de protección y producir defectos.
- La regulación de los parámetros también es más compleja que en el resto de los procesos, aunque los nuevos y sofisticados equipos sinérgicos facilitan mucho esta tarea.

La soldadura MIG MAG es conocida también por otros nombres, tales como:

- **GMAW,** del inglés *Gas Metal Arc Welding* soldadura por arco metálico con gas de protección, según la norma de la *American Welding Society* (AWS).
- **Proceso 135.** Soldeo por arco con alambre macizo y gas activo (según la norma EN ISO 9606-1).

Figura 1.4. *Gentileza de **3M** (todos los derechos reservados 3M).*

1.1. Tipos y características de los perfiles normalizados

El acero se obtiene en alto horno a partir de mineral de hierro, coque o grafito (aporta carbono al acero) y caliza (carbonato de calcio, usado para eliminar las impurezas de la fundición de acero).

Cuando los tres componentes se funden en alto horno a unos 1.650 ºC se obtiene un primer producto que se conoce como arrabio. El proceso desprende monóxido de carbono (el oxígeno presente en los óxidos de hierro se combina con el carbono, quedando este desoxidado).

Por cada 1.000 kg de arrabio se necesitan 1.600 kg de hierro, 700 kg de coque y 200 kg de caliza.

Para fabricar el acero se introduce en un horno 2/3 de arrabio y 1/3 de chatarra para reciclar. La mezcla se mantiene a ebullición durante horas a esa temperatura para que las impurezas se combinen con la caliza, que flota en forma de escoria en la superficie. Si la composición del acero lo requiere, se añade manganeso, molibdeno, cromo, etc., controlando en todo momento la proporción y la homogeneidad de la colada. Cuando este alcanza la calidad requerida, se conduce el acero fundido a moldes para que enfríe en forma de lingotes o planchones.

Los perfiles normalizados de acero al carbono se obtienen principalmente por laminación en caliente. Para ello se calienta a unos 1.200 ºC, temperatura que permite su deformación en el tren de laminación, donde pasa por un proceso de desbaste y estiramiento que se va produciendo en una cadena de cilindros, encargados de que el perfil tenga la forma requerida y las medidas adecuadas.

Figura 1.5. *Autor: Idus Druida. Public domain.*

En caso necesario (por ejemplo, la pletina calibrada) se puede someter después a mecanizado para conseguir que sus dimensiones estén garantizadas y cumplan unas tolerancias muy pequeñas.

En España todos los perfiles normalizados están recogidos en el Código Técnico de la Edificación. Los más comunes son perfiles en "L", "T", "I", "U", chapas, pletinas, tubos y barras redondas, cuadradas o hexagonales.

CELSA

CORRESPONDENCIA ENTRE LAS ANTIGUAS DESIGNACIONES DE LAS DISTINTAS NORMAS, SEGÚN PAÍSES											
DESIGNACIÓN	ANTIGUAS DESIGNACIONES DE LAS NORMAS DE:										
UNE-EN 10025	ALEMANIA	FRANCIA	REINO UNIDO	ESPAÑA UNE 36080-90	ESPAÑA UNE 36080-78	ITALIA	BÉLGICA	SUECIA	PORTUGAL	AUSTRIA	NORUEGA
S 235 JRG2	RSt 37-2	-	40 B	Fe 360 BFN	-	-	-	13 12-00	-	USt 360 B	NS 12 123
S 235 JO	St 37-3 U	E 24-3	40 C	Fe 360 C	A 360-C	Fe 360C	AE 235-C	-	Fe 360 C	St 360 C	NS 12 124
S 235 J2G3	St 37-3 N	E 24-4	40 D	Fe 360 D1	A 360-D	Fe 360 D	AE 235-D	-	Fe 360 D	St 360 D	NS 12 124
S275 JR	St 44-2	E 28-2	43 B	Fe 430 B	A 430-B	Fe 430 B	AE 255-B	14 12-00	Fe 430 B	St 430 B	NS 12 142
S 275 JO	St 44-3 U	E 28-3	43 C	Fe 430 C	A 430-C	Fe 430 C	AE 255-C	-	Fe 430 C	St 430 C	NS 12 143
S 275 J2G3	St 44-3 n	E 28-4	43 D	Fe 430 D1	A 430-D	Fe 430 D	AE 255-D	14 14-00	Fe 430 D	St 430 D	NS 12 143
S 355 JR	-	E 36-2	50 B	Fe 510 B	A 510-B	Fe 510 B	AE 355-B	-	Fe 510 B	-	-
S 355 JO	St 52-3 ÇU	E 36-3	50 C	Fe 510 C	A 510-C	Fe 510 C	AE 355-C	-	Fe 510 C	St 510 C	NS 12 153
S 355 J2G3	St 52-3 N	-	50 D	Fe 510 D1	A 510-D	Fe 510 D	AE 355-D	-	Fe 510 D	St 510 D	NS 12 153

Figura 1.6. *Gentileza de* ***CELSA.***

CELSA

PERFIL
CELSA IPN

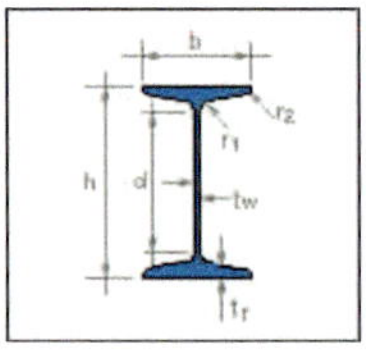

IPN	GAMA DE FABRICACIÓN | MASAS (Kg/m.)							
	Dimensiones (mm.)						Sección	Peso
	h	b	$t_w=r_1$	t_f	r_2	d	(cm^2)	(kg/m.)
80	80	42	3,9	5,9	2,3	59	7,6	6,00
100	100	50	4,5	6,8	2,7	75,7	10,6	8,30
120	120	58	5,1	7,7	3,1	92,4	14,2	11,10
140	140	66	5,7	8,6	3,4	109,1	18,3	14,40
160	160	74	6,3	9,5	3,8	125,8	22,8	17,90
180	180	82	6,9	10,4	4,1	142,4	27,9	21,90
200	200	90	7,5	11,3	4,5	159,1	33,4	26,20
220	220	98	8,1	12,2	4,9	175,8	39,5	31,00
240	240	106	8,7	13,1	5,2	192,5	46,1	36,20
260	260	113	9,4	14,1	5,6	208,9	53,3	41,80
280	280	119	10,1	15,2	6,1	225,1	61	47,90
300	300	125	10,8	16,2	6,5	241,6	69	54,20
320	320	131,0	11,5	17,3	6,9	257,9	77,7	61,00
240	340	137,0	12,2	18,3	7,3	274,3	86,7	68,10
260	360	143,0	13,0	19,5	7,8	290,2	97,0	76,10
380	380	149,0	13,7	20,5	8,2	306,7	107,0	84,00
400	400	155,0	14,4	21,6	8,6	322,9	118,0	92,60
450	450	170,0	16,2	24,3	9,7	363,6	147,0	115,40

GAMA DE FABRICACIÓN | DEFINICIONES DEL MATERIAL			
Norma	Tipo y Grado	Norma	Tipo y Grado
UNE-EN 10025-94	S-235 JR *	UNE-EN 10025-94	S-355 JR *
UNE-EN 10025-94	S-235 JRG2 *	UNE-EN 10025-94	S-355 JO *
UNE-EN 10025-94	S-235 JO *	UNE-EN 10025-94	S-355 J2G3 *
UNE-EN 10025-94	S-275 JR *	DIN 17100-80	St 37.2
UNE-EN 10025-94	S-275 JO *	DIN 17100-80	St 52.3

* Tienen la marca AENOR

NORMAS PERFILES IPN	
Dimensiones	Tolerancias
UNE-36521-96	UNE-EN 10024-95

Figura 1.7. *Gentileza de* ***CELSA.***

ANGULARES CELSA

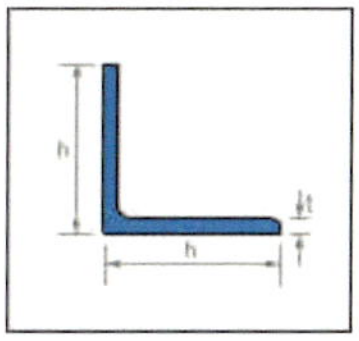

GAMA DE FABRICACIÓN ESTÁNDAR MASAS (Kg/m.)			
Perfil "L"	Dimensiones h	Dimensiones t	Peso (Kg/m.)
40x40x4	40	4	2,42
45x45x4	45	4	2,74
45x45x4,5	45	4,5	3,06
45x45x5	45	5	3,38
50x50x4	50	4	3,06
50x50x5	50	5	3,77
60x60x5	60	5	4,57
60x60x6	60	6	5,42
70x70x6	70	6	6,38
70x70x7	70	7	7,38
80x80x6	80	6	7,34
80x80x8	80	8	9,63
90x90x9	90	9	12,18
100x100x10	100	10	15,04
110x110x10	110	10	16,63
120x120x12	120	12	21,62
150x150x15	150	15	33,77
180x180x18	180	18	48,6
200x200x20	200	20	59,93

GAMA DE FABRICACIÓN DEFINICIONES DEL MATERIAL	
Norma	Tipo y Grado
UNE-EN 10025-94	S-235 JR *
UNE-EN 10025-94	S-235 JRG2 *
UNE-EN 10025-94	S-235 JO *
UNE-EN 10025-94	S-275 JR *
UNE-EN 10025-94	S-275 JO *
UNE-EN 10025-94	S-355 JR *
UNE-EN 10025-94	S-355 JO *
UNE-EN 10025-94	S-355 J2G3 *
DIN 17100-80	St 37.2
DIN 17100-80	St 52.3

* Tienen la marca AENOR

NORMAS ANGULARES	
Dimensiones	Tolerancias
UNE-EN 10056-Part 1-99	UNE-EN 10056-Part 2-99

Figura 1.7 (Cont.). *Gentileza de* ***CELSA.***

CELSA

PLETINAS BESÓS

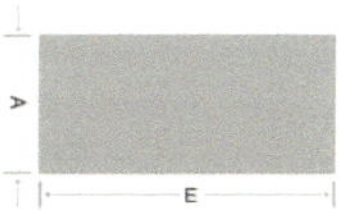

ancho (mm.) "A"	GAMA DE FABRICACIÓN / MASAS (Kg/m) — Espesor "E" (mm.) 3	4	5	6	7	8	10	12	14	15	16	18	20	25	30	40
12	0,283	0,377														
14	0,330	0,440	0,550	0,659												
16	0,377	0,502	0,628	0,754												
18	0,424	0,565	0,707	0,848												
20	0,471	0,628	0,785	0,942	1,099	1,256	1,570									
25	0,589	0,785	0,981	1,178	1,374	1,570	1,963	2,355								
30	0,705	0,942	1,177	1,413	1,648	1,884	2,365	2,826								
35	0,824	1,099	1,374	1,649	1,923	2,198	2,748	3,297	3,847	4,121	4,396	4,946	5,495			
40	0,942	1,256	1,570	1,884	2,198	2,512	3,140	3,768	4,396	4,719	5,024	5,652	6,280	7,850	9,420	
45	1,060	1,413	1,766	2,120	2,473	2,826	3,533	4,239	4,946	5,299	5,652	6,359	7,065	8,831	10,600	
50	1,177	1,570	1,962	2,355	2,747	3,140	3,925	4,710	5,495	5,887	6,280	7,065	7,850	9,813	11,780	15,700
60			2,355	2,826	3,297	3,768	4,710	5,652	6,594	7,065	7,536	8,478	9,420	11,780	14,130	18,840
70			2,747	3,297	3,846	4,396	5,495	6,594	7,693	8,242	8,792	9,891	10,990	13,740	16,490	21,980
80			3,140	3,768	4,396	5,024	6,280	7,536	8,792	9,420	10,050	11,300	12,560	15,700	18,840	25,120
90			3,532	4,230	4,946	5,652	7,065	8,478	9,891	10,600	11,300	12,720	14,130	17,060	21,200	28,260
100			3,925	4,710	5,495	6,280	7,850	9,420	10,990	11,770	12,560	14,130	15,700	19,630	23,550	31,400
110				5,181	6,044	6,908	8,635	10,360	12,090	12,950	13,820	15,540	17,270	21,590	25,910	34,540
120				5,652	6,594	7,536	9,420	11,300	13,190	14,130	15,070	16,960	18,840	23,550	28,260	
130				6,123	7,144	8,164	10,210	12,250	14,290	15,310	16,330	18,370	20,410	25,510	30,620	
140				6,594	7,693	8,792	10,990	13,190	15,390	16,490	17,580	19,780	21,980	27,480	32,970	
150				7,060	8,242	9,420	11,770	14,130	16,480	17,650	18,840	21,200	23,550	29,440		
160						10,050	12,560	15,070	17,580	18,840	20,100	22,610	25,120	31,400		
180						0	14,130	16,960	19,780	21,200	22,610	25,430	28,260	35,330		
200						12,560	15,700	18,340	21,980	23,550	25,120	28,260	31,400			

Figura 1.8. *Gentileza de* ***CELSA.***

NORMAS PLETINAS	
Dimensiones	Tolerancias
UNE-36543-80	UNE-36543-80

CELSA

PERFIL CELSA IPE

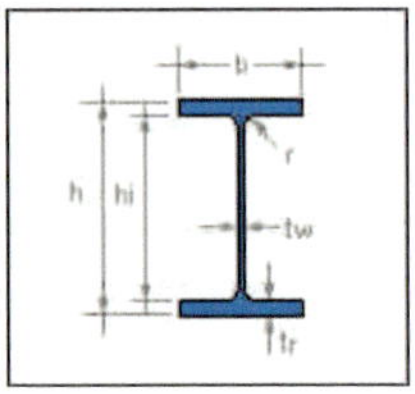

IPE	GAMA DE FABRICACIÓN | MASAS (Kg/m.)							
	Dimensiones (mm.)						Sección	Peso
	h	b	t_w	t_f	r	h_i	(cm^2)	(kg/m.)
80	80,0	46,0	3,8	5,2	5,0	69,6	7,6	6,0
100	100,0	55,0	4,1	5,7	7,0	88,6	10,3	8,1
120	120,0	64,0	4,4	6,3	7,0	107,4	13,2	10,4
140	140,0	73,0	4,7	6,9	7,0	126,2	16,4	12,9
160	160,0	82,0	5,0	7,4	9,0	145,2	20,1	15,8
180	180,0	91,0	5,3	8,0	9,0	164,0	23,9	18,8
200	200,0	100,0	5,6	8,5	12,0	183,0	28,5	22,4
220	220,0	110,0	5,9	9,2	12,0	201,6	33,4	26,2
240	240,0	120,0	6,2	9,8	15,0	220,4	39,1	30,7
270	270,0	135,0	6,6	10,2	15,0	249,6	45,9	36,1
300	300,0	150,0	7,1	10,7	15,0	278,6	53,8	42,2
330	330,0	160,0	7,5	11,5	18,0	307,0	62,6	49,1
360	360,0	170,0	8,0	12,7	18,0	334,6	72,7	57,1
400	400,0	180,0	8,6	13,5	21,0	373,0	84,5	66,3
450	450,0	190,0	9,4	14,6	21,0	420,8	98,8	77,6
500	500,0	200,0	10,2	16,0	21,0	468,0	115,5	90,7

GAMA DE FABRICACIÓN | DEFINICIONES DEL MATERIAL			
Norma	Tipo y Grado	Norma	Tipo y Grado
UNE-EN 10025-94	S-235 JR *	UNE-EN 10025-94	S-355 JR *
UNE-EN 10025-94	S-235 JRG2 *	UNE-EN 10025-94	S-355 JO *
UNE-EN 10025-94	S-235 JO *	UNE-EN 10025-94	S-355 J2G3 *
UNE-EN 10025-94	S-275 JR *	DIN 17100-80	St 37.2
UNE-EN 10025-94	S-275 JO *	DIN 17100-80	St 52.3

* Tienen la marca AENOR

NORMAS PERFILES IPE	
Dimensiones	Tolerancias
UNE-36526-94	UNE-EN 10034-94

Figura 1.8 (Cont.). *Gentileza de* ***CELSA.***

CELSA

PERFIL
CELSA HEB/A

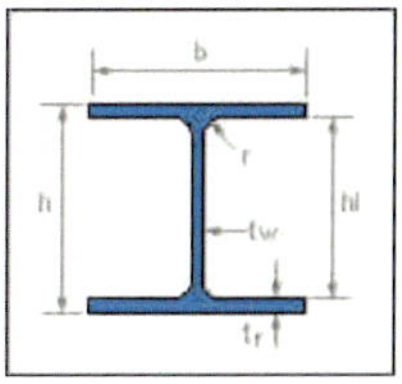

HEB	GAMA DE FABRICACIÓN | MASAS (Kg/m.)							
	Dimensiones (mm.)						Sección	Peso
	h	b	$t_w=r_1$	t_f	r_2	d	(cm²)	(kg/m.)
100	100	100	6	10	12	80	26	20,40
120	120	120	6,5	11	12	98	34	26,70
140	140	140	7	12	12	116	43	33,70
160	160	160	8	13	15	134	54,3	42,60
180	180	180	8,5	14	15	152	65,3	51,20
200	200	200	9	15	18	170	78,1	61,30
220	220	220	9,5	16	18	188	91	71,50
240	240	240	10	17	21	206	106	83,20
260	260	260	10	17,5	24	225	118,5	93,00
280	280	280	10,5	18	24	244	131,4	103,10
300	300	300	11	19	27	262	149,1	117,00

HEA	GAMA DE FABRICACIÓN | MASAS (Kg/m.)							
	Dimensiones (mm.)						Sección	Peso
	h	b	$t_w=r_1$	t_f	r_2	d	(cm²)	(kg/m.)
100	96	100	5	8	12	80	21,2	16,70
120	114	120	5	8	12	98	25,3	19,90
140	133	140	5,5	8,5	12	116	31,4	24,70
160	152	160	6	9	15	134	38,8	30,40
180	171	180	6	9,5	15	152	45,3	35,50
200	190	200	6,5	10	18	170	53,8	42,30
220	210	220	7	11	18	188	64,3	50,50
240	230	240	7,5	12	21	206	76,8	60,30
260	250	260	7,5	12,5	24	225	86,8	68,20
280	270	280	8	13	24	244	97,3	76,40
300	290	300	8,5	14	27	262	112,5	88,30

GAMA DE FABRICACIÓN | DEFINICIONES DEL MATERIAL			
Norma	Tipo y Grado	Norma	Tipo y Grado
UNE-EN 10025-94	S-235 JR *	UNE-EN 10025-94	S-355 JR *
UNE-EN 10025-94	S-235 JRG2 *	UNE-EN 10025-94	S-355 JO *
UNE-EN 10025-94	S-235 JO *	UNE-EN 10025-94	S-355 J2G3 *
UNE-EN 10025-94	S-275 JR *	DIN 17100-80	St 37.2
UNE-EN 10025-94	S-275 JO *	DIN 17100-80	St 52.3

* Tienen la marca AENOR

NORMAS PERFILES HEB/HEA	
Dimensiones	Tolerancias
UNE-36524-94	UNE-EN 10034-94

Figura 1.9. *Gentileza de **CELSA**.*

1.2. Forma de las juntas: preparación de las uniones a soldar. Técnicas y normas de punteado

Una de las variables que el soldador tiene que tener en cuenta a la hora de ejecutar la soldadura es el tipo de unión.

Distinguimos cinco formas distintas en las que dos piezas se van a disponer para su unión:

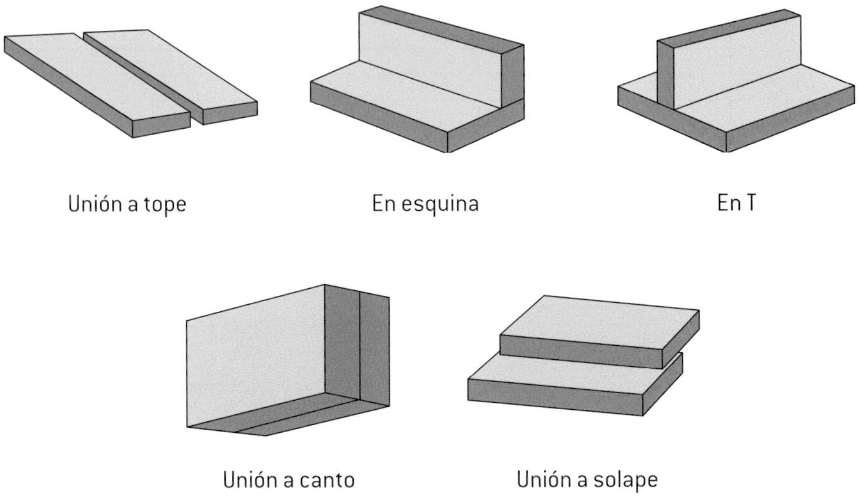

Figura 1.10. *Tipos de unión.*

El material a soldar se puede presentar en cualquiera de los cinco tipos.

Frente a un trabajo de unión soldada debemos tener en cuenta y poner de acuerdo algunas variables:

- Posición de soldeo.
- Tipo de unión.
- Proceso a utilizar.
- Tipo de material.
- Espesor, anchura y longitud de la pieza.
- Acceso a la unión (por ambas caras o solo por una).

No se emplea la misma técnica para soldar una "T" (tipo de unión) en horizontal (posición de soldeo) con TIG (proceso) que para ejecutar un vertical ascendente de dos piezas a tope con MIG MAG. El tipo de material y sus dimensiones también se deben tener en cuenta y suponen que el soldador deba realizar o no una serie de operaciones previas al soldeo.

Según el trabajo que vaya a desempeñar una unión soldada, será necesario que el cordón alcance penetración parcial o total. En ambos casos debe imponerse que la soldadura normalmente se realice aportando el mínimo calor y lo más rápidamente posible para conseguir las mejores calidades, pero evitando dañar las piezas a unir.

Teniendo esto claro, decimos que se ha de preparar el borde de la pieza, siempre que ello haga más fácil realizar la soldadura (nunca al contrario) y se cumpla lo anterior.

Pero, ¿qué es "preparar el borde"?

Llamamos preparación de bordes a facilitar la fusión de la unión por diversos medios:

- Dejando una separación entre las piezas.
- Mecanizando el borde o biselándolo para facilitar el acceso a cualquier punto de la unión.
- Una combinación de ambas.

La forma del biselado del borde es distinta según las dimensiones de la pieza, la posición de soldeo, el acceso y el tipo de material.

¿Por qué afecta a la preparación que el material sea acero, inoxidable, aluminio, etc.? Cada uno de ellos tiene distinta capacidad de conducir el calor. Debemos diseñar la preparación de bordes respetando el principio anterior (soldarlas del modo más fácil y rápido con la mejor calidad y afectando lo menos posible a la pieza), pero teniendo en cuenta esta propiedad: a mayor longitud y anchura del metal base, mayor superficie para que el calor se pueda disipar.

Sobre todo en los materiales como aluminio y cobre (buenos conductores) la preparación tendrá que ajustarse en todo momento a la respuesta a la soldadura. Al principio se necesitará más intensidad para compensar la pérdida de calor por disipación pero, una vez se calientan las piezas, hay que bajar la corriente siendo normal llegar al final de la costura con menos (a mayores dimensiones, más diferencia entre la intensidad inicial y final).

¿Y el espesor? Hay un valor, variable según el material y el proceso con el que lo soldemos, a partir del cual es recomendable biselar. Antes de elegir un modelo de bisel, debemos tener en cuenta la última variable: el acceso. Si se puede trabajar la unión por dos caras, a partir de determinada medida de espesor, se elegirá siempre doble.

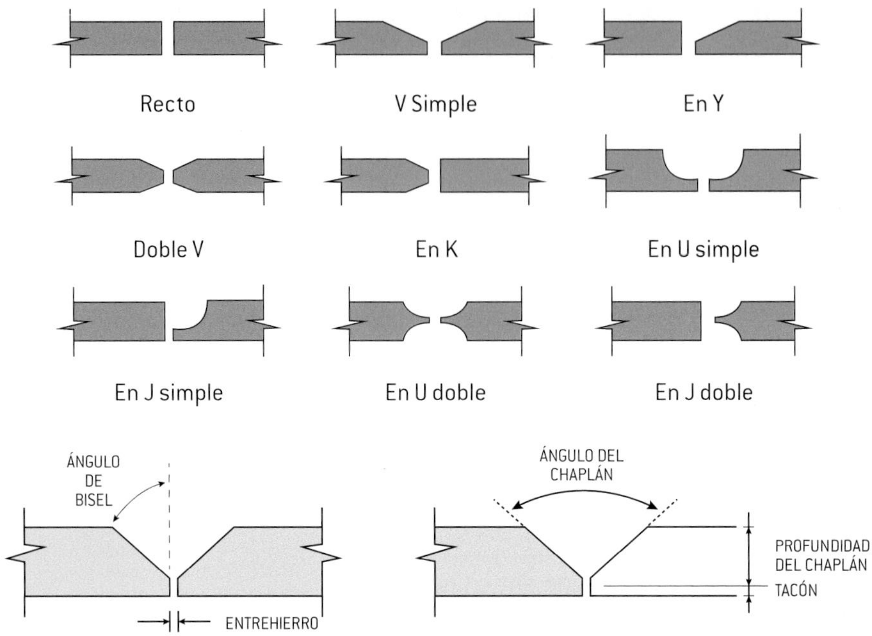

Figura 1.11. *Preparaciones de bordes.*

- **Ángulo del chaflán:** son los grados totales de la preparación de los bordes y la suma de los ángulos de los biseles, que pueden ser iguales entre sí o no.
- **Talón:** previamente al punteado de las piezas, posicionándolas antes de su soldadura, se elimina la arista afilada del bisel con ayuda de una radial o de una lima.

La función del talón es esencial, ya que la medida del rebaje que se hace a la arista del bisel, variable entre 1 y 3 mm, debe ofrecer la resistencia precisa para que la fusión pase al lado contrario de la soldadura de forma ordenada, como un cordón de penetración, manteniendo la misma anchura y altura en toda su longitud.

- **Entrehierro:** consiste en dejar una separación entre las piezas. Su cometido es el mismo que el del talón, es decir, ayudar a que el cordón de penetración se pueda realizar con facilidad a un voltaje que asegure la fusión. Si se combina bien el valor de la corriente con la medida de talón y entrehierro, al ejecutar la unión la sensación que debe percibir el soldador es que los extremos de los biseles están unidos por la soldadura, mientras que por la parte trasera de la unión debe aparecer un fino cordón que llamaremos raíz.

Figura 1.12. *A la izquierda, una probeta con preparación de bordes en "V", talón y entrehierro. A la derecha, la vista trasera después de su soldadura.*

El espesor: hay unas referencias, variables según el material y el proceso que utilicemos, que ayudan a decidir cuándo es recomendable biselar para facilitar la soldadura y reducir la cantidad de calor necesario para conseguir la fusión completa de la unión. Vamos a ver esas referencias en una recomendación de preparación de los bordes de dos piezas de acero a tope para su soldadura con MAG.

1. **Hasta 3 mm:** no necesita preparación de bordes. Dejar una separación entre las piezas alrededor de los 2 mm puede ayudar.
2. **De 4 a 15 mm:** chaflán en V (60-65°); talón de 0 a 2 mm y entrehierro de 2,5 mm.
3. **De 15 mm en adelante.** Dos opciones:
    - Si no se puede acceder por ambas caras, chaflán en "U".
    - Si hay acceso a las dos caras en espesores de 10 a 30 mm, chaflán en X. Si el espesor es mayor de 30 mm, en U doble. En ambos, talón de 0 a 2 mm y entrehierro de 2,5 a 3,25 mm.

A modo de indicación, cada material (cualquiera de los soldables con MIG/MAG) tiene sus referencias generales para que el soldador las pueda consultar y que le sirvan de apoyo.

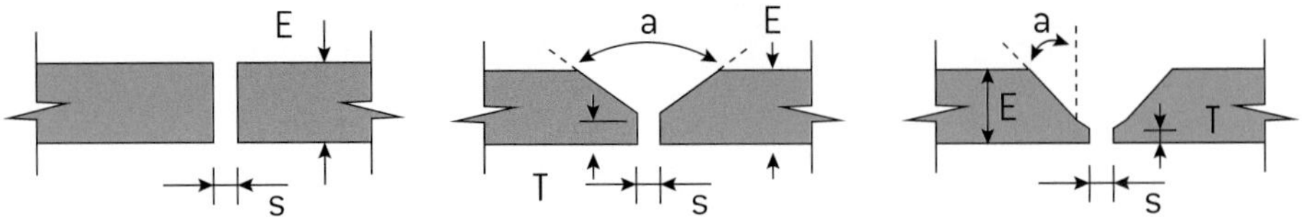

Espesor (E)	Separación raíz (S) mm	Talón (T)	Ángulo (a)
1 - 3	0 - 2	-	-
4 - 6	2,5	0 - 2	60° - 65°
6 - 15	2,5 - 3,25	0 - 2	60° - 65°
> 15	2,5 - 3,25	0 - 2	En "X" 60° - 65° En "U" 10° - 15°

Figura 1.13. *Referencia de preparación para soldadura GMAW en aceros al carbono.*

Estas referencias pueden ser más detalladas. Como hemos visto, en construcción ferroviaria, naval, aeroespacial, etc., existen normas con los requisitos de diseño que se aplican en producción soldada adaptada al sector. Una Norma por definición es un documento que contiene especificaciones técnicas basadas en los resultados de la experiencia y el desarrollo tecnológico.

El punteado de las piezas puede parecer algo secundario, pero es sumamente importante. Además de sujetar las piezas durante el montaje y la soldadura, se debe realizar correctamente, porque los puntos son zonas de riesgo en las que es fácil encontrar defectos y, si no se toman las medidas adecuadas, que estos pasen al cordón. En el apartado de prácticas, hay un ejercicio específico de punteado, en el resto es un parámetro más, para su buen uso se dan instrucciones precisas.

1.3. Instalación y mantenimiento básico del equipo de soldeo MAG

1.3.1. Fuente de alimentación

A continuación vamos a ver en qué condiciones llega la corriente desde la red eléctrica y cómo debe modificarla la fuente de alimentación.

La corriente se desplaza por el tendido eléctrico en forma de corriente alterna (CA o AC del inglés *Alternating Current*) de alta tensión y baja intensidad. El ingeniero e inventor Níkola Tesla fue el precursor del sistema que asegura que la corriente llegue a cualquier punto de la red gracias a la alta tensión (o "gran fuerza" que "empuja" el flujo de electrones) con las mínimas pérdidas debido a su baja intensidad (o reducido paso de electrones por un punto en un segundo

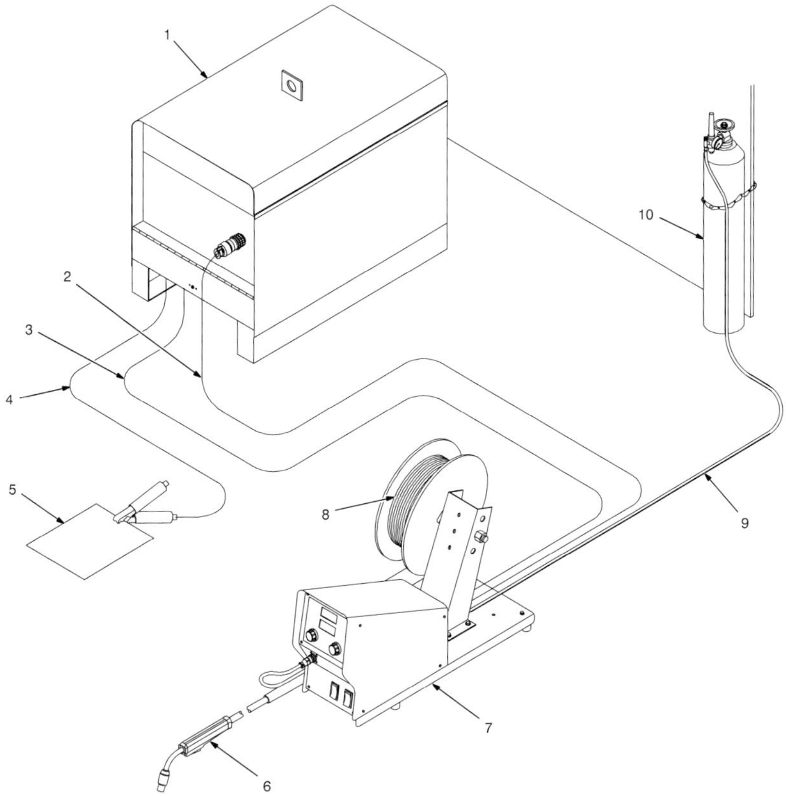

Fuente de alimentación (1), cable para control de la unidad portátil (2), cable de suministro eléctrico (3), masa (4), material base (5), pistola (6), unidad portátil (7, opcional), bobina de hilo (8), tubo de suministro de gas (9), botella de gas de protección (10)

Figura 1.14. *Gentileza de* ***MILLER.***

que disminuye las pérdidas por rozamiento entre ellos), pero una vez llega al equipo esa corriente no es la más adecuada para la soldadura.

Los equipos MAG modifican la corriente por medio del transformador/rectificador.

- **Transformador.** Su función es que la corriente alterna pase a tener alta intensidad y baja tensión, justo lo contrario de lo que suministra la red. El transformador está compuesto por un núcleo de láminas de hierro o de acero que, por un lado, conecta con el suministro eléctrico de entrada y, por otro, da salida a la corriente ya transformada.

  ¿Cómo realiza la conversión el transformador? El cable de cobre o aluminio por el que entra la corriente al núcleo está bobinado a este, es decir, da vueltas a su alrededor, lo que se denomina devanado primario. También está bobinado el cable que da salida a la corriente de soldeo, que recibe el nombre de devanado secundario. El diámetro de los cables del bobinado primario y secundario es distinto y el número de vueltas que da el cable es superior en el primero.

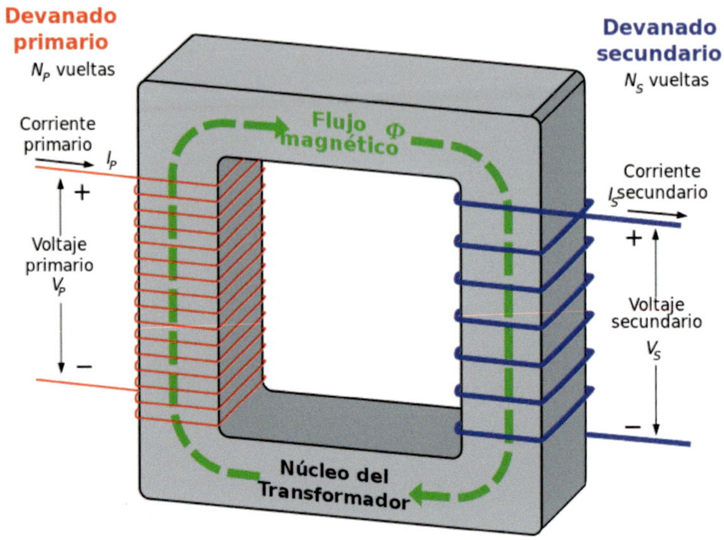

Figura 1.15. *Autor: KundaliniZero, Creative Commons Attribution Share Alike 3.0. Unported license.*

Cuando la corriente pasa por el devanado primario se induce al núcleo, el cual la conduce a través de las láminas hasta el bobinado secundario. La razón de que el núcleo esté laminado es que el aire que existe entre dichas láminas hace de aislante, reduciendo así las pérdidas. Como alternativa, el núcleo de hierro se puede sustituir por acero eléctrico al silicio fabricado en finas láminas de unos 2 mm apiladas formando un bloque que disipa poca energía, si las láminas se aíslan entre ellas con barniz o con el óxido que se forma en la superficie de cada lámina.

La relación de transformación es la que determina el cambio de tensión de entrada y salida de la corriente. Si el número de vueltas del bobinado secundario es la mitad del número de vueltas del bobinado primario, se obtendrá de salida una corriente con la mitad de tensión.

- **Rectificador.** En la soldadura MAG del acero al carbono no se utiliza CA, sino una corriente continua (CC o DC del inglés *Direct Current*).

  Pero, ¿qué es CA y CC y en qué se diferencian? La CA es una corriente eléctrica que cambia de sentido periódicamente a razón de 50 veces por segundo en Europa o 60 veces por segundo en Estados Unidos.

Figura 1.16. *Gentileza de* ***MILLER.***

Una onda completa es un ciclo (del positivo al negativo y vuelta al positivo). La frecuencia es el número de ciclos por segundo y se mide en hercios (50 o 60 Hz).

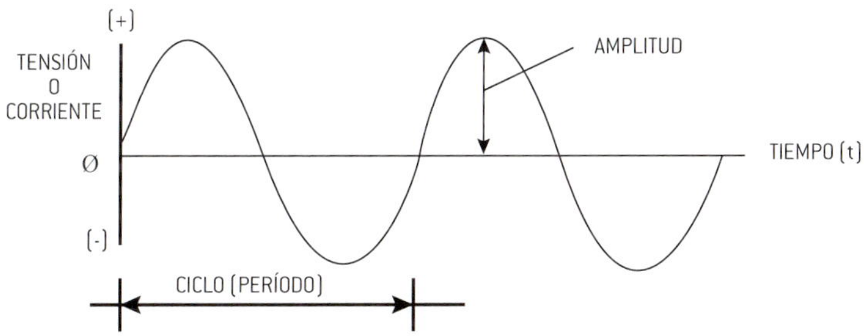

Figura 1.17.

Cada ciclo se caracteriza porque la corriente avanza primero en un sentido, se detiene y vuelve a avanzar en sentido contrario. Para ello, hilo y pieza funcionan alternativamente como polo positivo y negativo.

En el proceso de soldeo esto se traduce en que durante un segundo la corriente iría 50 veces de la pieza al hilo y viceversa, es decir, otras 50 veces del hilo a la pieza.

La CC mantiene un único sentido de avance. Soldando con CC el flujo de corriente va, por convenio internacional, del polo negativo al positivo.

Dado que por la red la corriente llega como CA, el equipo de soldadura debe cambiarla a CC. El encargado de esta tarea es el rectificador. Para rectificar la onda eléctrica, la máquina utiliza diodos semiconductores, también llamados tiristores, que actúan como una válvula dejando pasar la corriente en un único sentido.

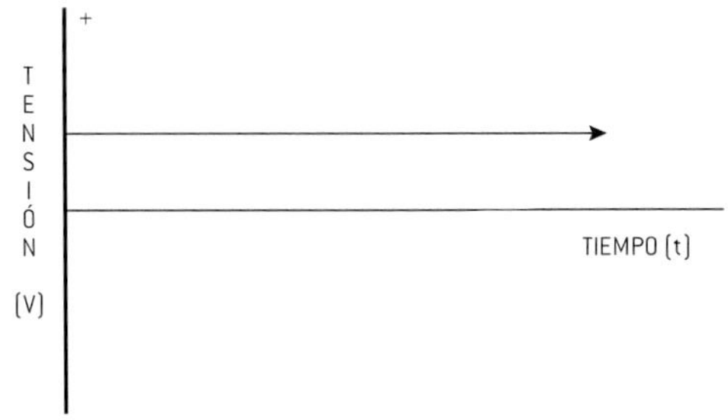

Figura 1.18. *Rectificado de la corriente.*

Este hecho tiene una consecuencia muy importante para la soldadura y es que el calor no se reparte por igual en los dos polos, sino que, aproximadamente, un 30 % del calor va al polo negativo y un 70 % al positivo.

¿Qué causa este reparto de calor desigual entre polos? Lo causa, principalmente, el bombardeo de electrones que sufre el polo positivo. Aunque la masa de los electrones es pequeña, viajan a una velocidad muy alta debido a que la tensión tiende a acelerarlos, lo que provoca que posean una alta energía cinética, que se transforma en calor cuando el electrón llega al polo positivo.

Contra el polo negativo se estrellan los núcleos cargados positivamente que, al poseer una masa muy grande, se desplazan a muy baja velocidad, en comparación con los electrones. Su energía cinética es baja y cuando dicha energía se transforma en calor, este supone únicamente el 30 % de la energía total generada.

¿El reparto desigual de calor tiene alguna consecuencia en la soldadura MAG? Sí. Generalmente siempre vamos a seleccionar **polaridad inversa** o **CCEP**, que significa corriente continua electrodo positivo. El alambre se conecta al + y pieza al -. De este modo el hilo alcanza la temperatura necesaria para aportarse en cualquiera de los modos de transferencia.

¿Qué diferencia hay entre los equipos de transformador/rectificador y los *inverter*? La mayoría de las máquinas para soldadura modernas son *inverter* y para realizar la conversión de corriente utilizan una placa electrónica regulada por *software*. Estos equipos *inverter* resultan mucho más eficientes, ya que poseen un mayor control sobre el arco eléctrico que facilita la soldadura, menores consumos, menor peso de la fuente de alimentación y un arco más estable.

1.3.2. Unidad de alimentación del hilo.

El hilo se suministra en carretes o bobinas en tamaños estandarizados con un peso que va de 1 a 18 kg, según sus dimensiones y el diámetro del alambre.

Forms of Supply for GMAW Wires

Wire basket spool

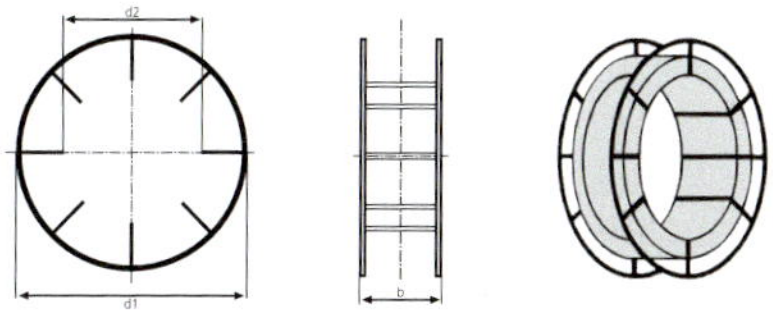

ENISO 544	outside diameter d_1	Inside diameter d_2	external width b	kg wire
B 300	300	180	103	15/16/18

wire net weight per spool for:		
	non-alloy/low-alloy solid wires	18 kg
	high-alloy solid wires and flux-cored wires	15 kg
	non-alloy/low-alloy flux-cored wires	16 kg

Plastic spool

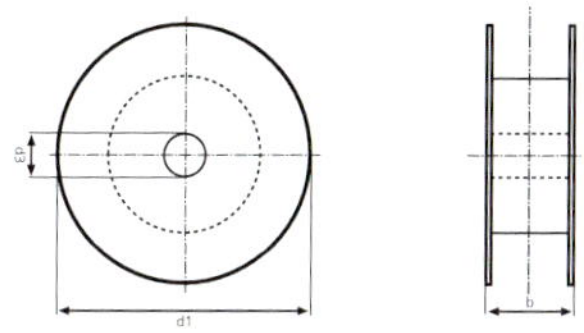

ENISO 544	outside dia-meter d_1	spindle hole d_3	external width b	tapped hole dia-meter d_4	tapped hole distance from center e_1	kg wire
S 100	100	16,5	45	–	–	1,0
S 200	200	50,5	55	10	44,5	5
S 300	300	51,5	103	10	44,5	15

Tipos de bobina

D200		
	Bobina plástica D200 Bobinado de capas de precisión Medidas: Ø exterior 200 mm Ø interior 52 mm ancho 47 mm Embalajes disponibles: M5 = 5 kg	Diámetros disponibles: 1,0 mm 1,2 mm 1,6 mm

BS300		
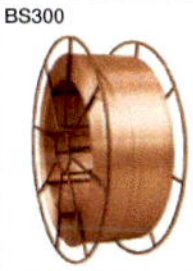	Bobina de cesta Bobinado de capas de precisión Medidas: Ø exterior 300 mm Ø interior 180 mm ancho 100 mm Embalajes disponibles: S1=15 kg S2=18 kg S3=16 kg	Diámetros disponibles: 1,0 mm 1,2 mm 1,6 mm

K200		
	Bobina de cesta K200 Bobinado de capas de precisión Medidas: Ø exterior 200 mm Ø interior 100 mm ancho 47 mm Embalajes disponibles: K8 = 5 kg	Diámetros disponibles: 1,0 mm 1,2 mm 1,6 mm

D300		
	Bobina plástica D300 Bobinado de capas de precisión Medidas: Ø exterior 300 mm Ø interior 52 mm ancho 100 mm Embalajes disponibles: P0=12.5 kg P1=15 kg P3=16 kg	Diámetros disponibles: 1,0 mm 1,2 mm 1,6 mm

K300		
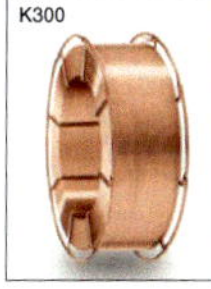	Bobina de cesta K300 Bobinado de capas de precisión Medidas: Ø exterior 300 mm Ø interior 180 mm ancho 100 mm Embalajes disponibles: K0=12,5 kg K1=15 kg K2=18 kg K3=16 kg	Diámetros disponibles: 1,0 mm 1,2 mm 1,6 mm

Eco Drum		
	Bidón de alambre para robots Peso: aprox. 230 kg Alambre tubular de fundente Medidas: h 780 mm Ø 510 mm	Diámetros disponibles: 1,0 mm 1,2 mm 1,6 mm

Figura 1.19. *Gentileza de* ***BOHLER.***

El soporte está habilitado dentro del equipo o fuera. En el segundo caso pueden venir cubiertos por una carcasa para reducir la cantidad de polvo que se acumula en ellos y así evitar que este vaya a parar a la soldadura.

Figura 1.20. *Bobina interior cubierta por una tapa (imagen izquierda) o montada en soporte exterior (derecha). Gentileza de* ***MILLER.***

Figura 1.21. *Soporte para carrete de hilo. Gentileza de* ***MILLER.***

Los rodillos se encargan de llevar el hilo de la bobina a la pistola. A menudo se combina un rodillo plano, generalmente el superior, con otro acanalado a medida

Figura 1.22. *Gentileza de* ***FRONIUS.***

para el diámetro de alambre que se esté utilizando, aunque los dos pueden estar acanalados.

Ambos rodillos comprimen ligeramente el hilo (la presión de los rodillos es regulable) y un motor hace girar los rodillos, que así devanan la bobina.

En los equipos más básicos, la máquina dispone solo de un par de rodillos, aunque generalmente viene equipada con dos pares para asegurar una alimentación continua y que el alambre no patine.

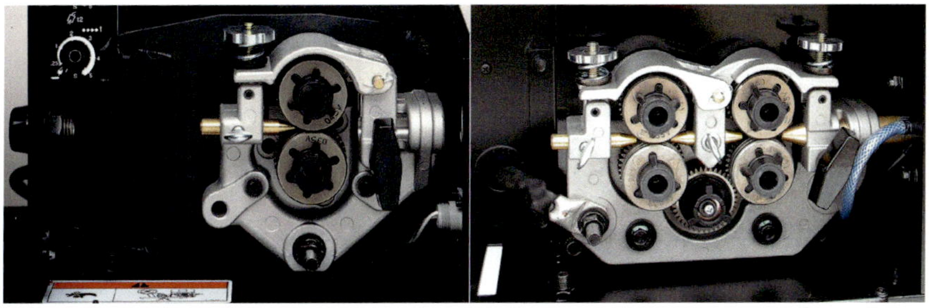

Figura 1.23. *Juego de rodillos simple (imagen izquierda) o doble (derecha). Gentileza de* ***MILLER.***

El juego doble de rodillos garantiza la alimentación del hilo hasta la pistola usando mangueras de 3 a 5 m de longitud, incluso para soldaduras en posiciones distintas de la horizontal. Para ello el soldador debe regular la presión.

¿Cómo se regula la presión? Como recomendación, se debe mantener la presión indispensable que garantice que el hilo llega a la soldadura sin problemas y se debe ajustar en función de la posición de soldeo. Aunque el hilo de acero no es tan sensible a deformarse como otros (por ejemplo, los de aluminio) se debe evitar mantener constantemente presiones altas, pues se aumenta el riesgo de que deformen el alambre y este se atasque.

Figura 1.24. *Rodillos ranurados para hilos blandos. Gentileza de* ***MILLER.***

Al final del día se aconseja aflojar los rodillos, al menos en parte, para que la presión no aplaste el alambre y al día siguiente se atasque nada más empezar a trabajar.

Los rodillos no son todos iguales. Es muy importante utilizar el que está especialmente diseñado para cada tipo de hilo. En el caso del acero y alambre macizo, los hilos son duros, y para conseguir el mejor empuje, necesitan un rodillo con ranura en V. Sin embargo, con otros materiales más dúctiles como aluminio o alambres tubulares, los requisitos cambian.

¿Qué hacer si estas mangueras se quedan cortas? Dado que los equipos MIG MAG son los menos portátiles de todos, una opción son los que, sobre la fuente de alimentación, tienen una unidad portátil; en casos de, por ejemplo, trabajos en altura se puede dejar abajo la fuente de alimentación y subir solo la unidad portátil en la que va montado el hilo. Una manguera une ambas suministrando al "hermano pequeño" (devanador) gas y corriente.

Figura 1.25. *Equipo con fuente de alimentación (abajo) diferenciada de la unidad que porta el carrete y la pistola (encima). Gentileza de* ***MILLER.***

¿Y para soldar en lugares con el acceso tan limitado que no cabe la unidad portátil? Para estos casos hay otra opción, utilizar una manguera más larga para unir la pistola con la fuente de alimentación. Ahí nos encontramos con el problema de que los rodillos tienen una capacidad limitada de empuje.

Para cambiar la manguera estándar de 3-5 m por una de 20 o 30 m tenemos dos opciones:

a. <u>Pistola *push-pull* (del inglés, empujar-tirar).</u> Para ayudar a los rodillos de la fuente de alimentación estas pistolas llevan otro juego. La combinación de los dos hace que la alimentación del hilo sea constante y regular.

Figura 1.26. *Pistola* push-pull. *Gentileza de* ***FRONIUS.***

b. <u>Pistola portadora de carrete</u>. Están diseñadas para portar una pequeña bobina de hilo, unos rodillos y un motor refrigerado por gas.

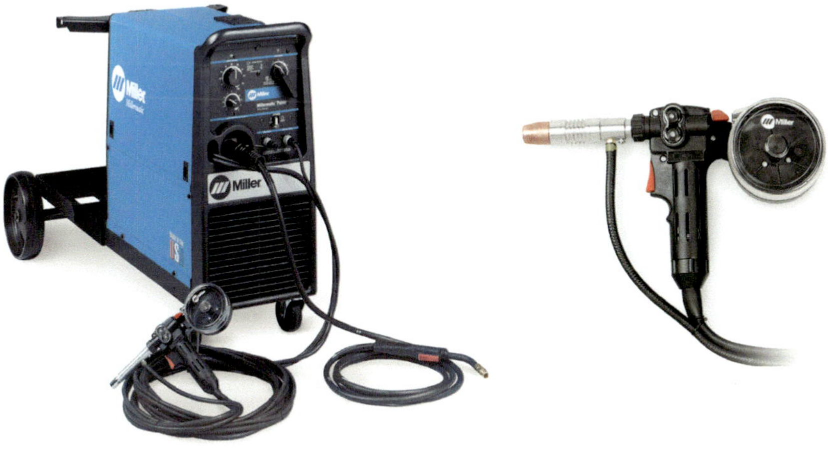

Figura 1.27. *Pistola Spoolmate™. Gentileza de* ***MILLER.***

1.3.3. Manguera

A través de ella se transportan el hilo, el gas y la corriente a la pistola. Dentro de la manguera encontramos la sirga o camisa, que es un canutillo de alambre flexible y resistente que conduce al hilo. Su diámetro sirve para varios diámetros de hilo.

Figura 1.28. *Sirgas para acero al carbono. Gentileza de* ***BERNARD.***

Además, la manguera contiene un tubo conductor del gas de protección fabricado en material plástico resistente al calor y cables eléctricos debidamente aislados para llevar la corriente hasta la pistola.

Figura 1.29. *Conexiones de la manguera con la máquina.*

Al montar y desmontar la manguera hay que extremar las precauciones. Generalmente tienen unas conexiones muy frágiles que se pueden doblar o partir, si no somos cuidadosos. Debemos hacer coincidir cada uno de ellos y, a la más mínima resistencia, retroceder y volver a intentarlo.

1.3.4. Pistola

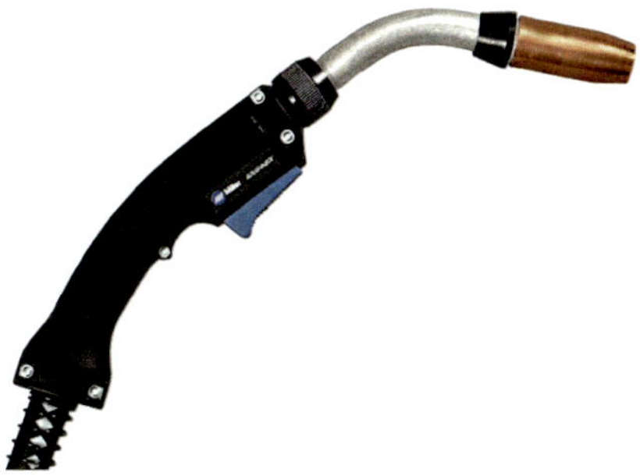

Figura 1.30. *Gentileza de* ***MILLER.***

Al final de la manguera está la pistola. Las más sencillas están formadas por una empuñadura con gatillo.

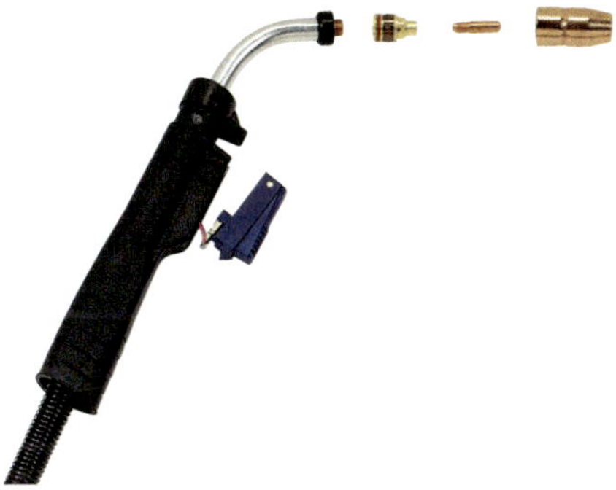

Figura 1.31. *Despiece de izquierda a derecha: cuerpo de la pistola con gatillo desmontado, difusor de gas, punta de contacto y tobera. Gentileza de* ***MILLER.***

Opcionalmente puede venir equipada con sistemas de ayuda y llevar, por ejemplo, un mando a distancia integrado.

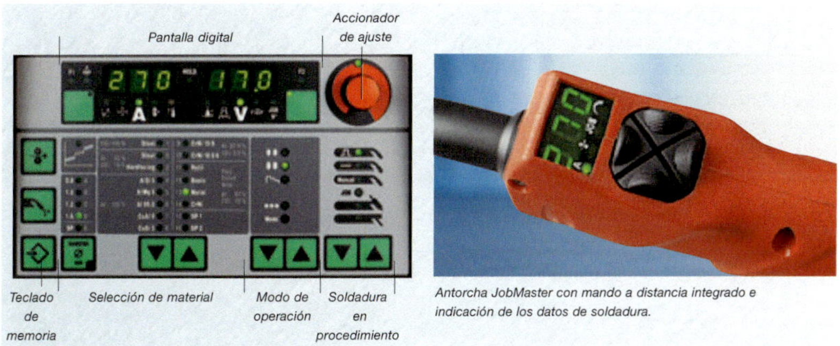

Figura 1.32. *Gentileza de* ***FRONIUS.***

Pueden tener o no refrigeración y, si la tienen, distinguimos entre refrigeradas por gas o agua.

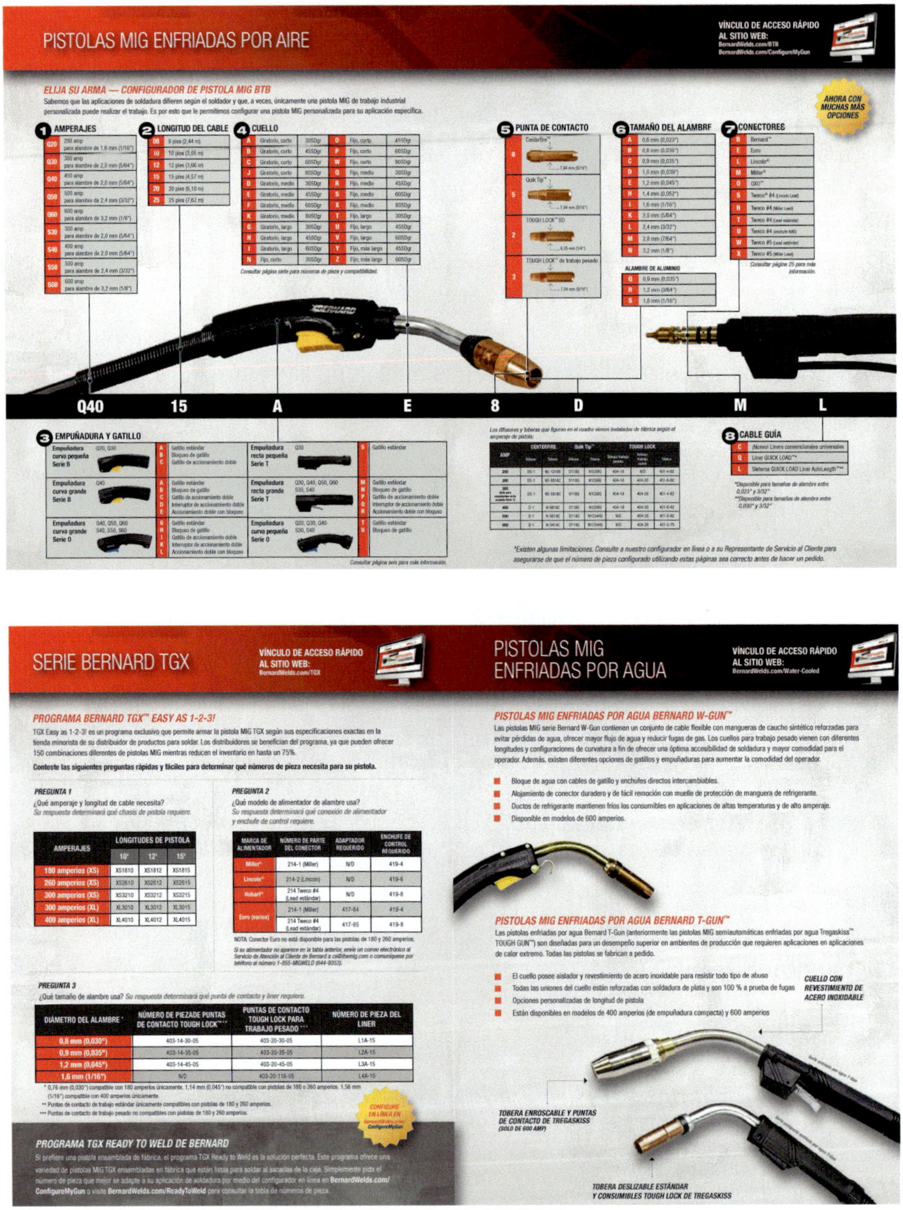

Figura 1.33. *Gentileza de* ***BERNARD.***

También puede venir diseñada para extraer el humo de la soldadura.

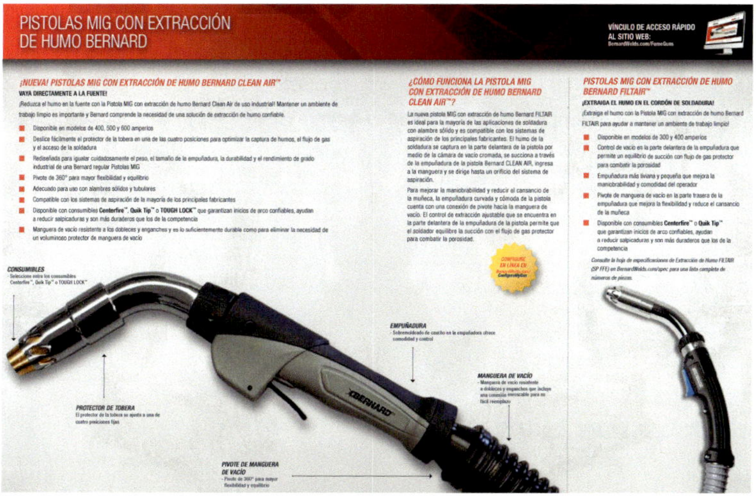

Figura 1.34. *Gentileza de* ***BERNARD.***

Con cuello rígido o flexible.

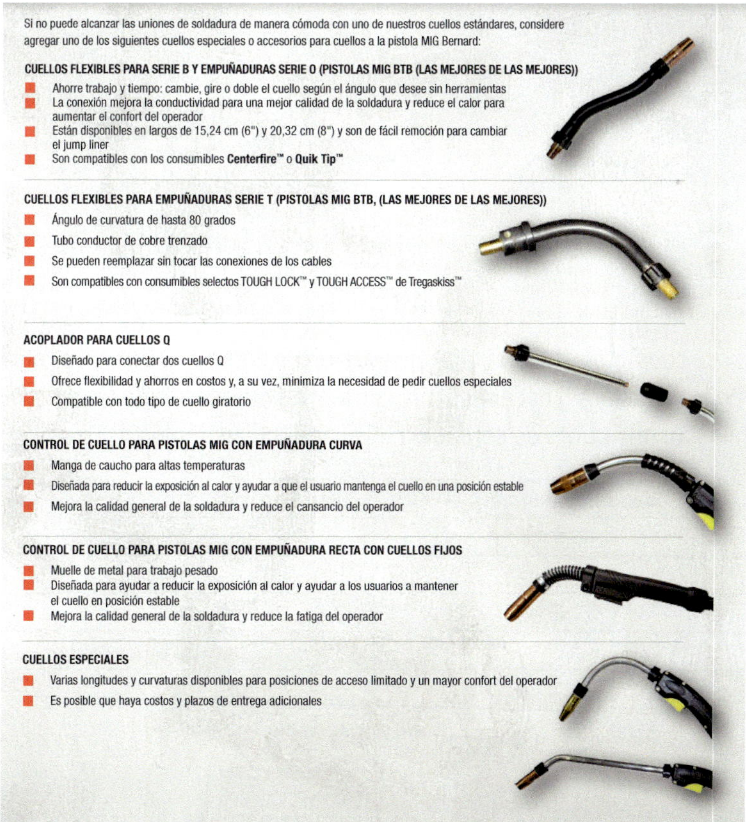

Figura 1.35. *Gentileza de* ***BERNARD.***

En el extremo, está la tobera, que puede tener distintos diámetros.

Figura 1.36. *Gentileza de* ***BERNARD.***

Dentro de la tobera está el difusor de gas y la punta de contacto (véase Fig. 1.37). El gas sale por los agujeros del difusor, pasa a la tobera y sale al exterior a través de esta protegiendo la soldadura.

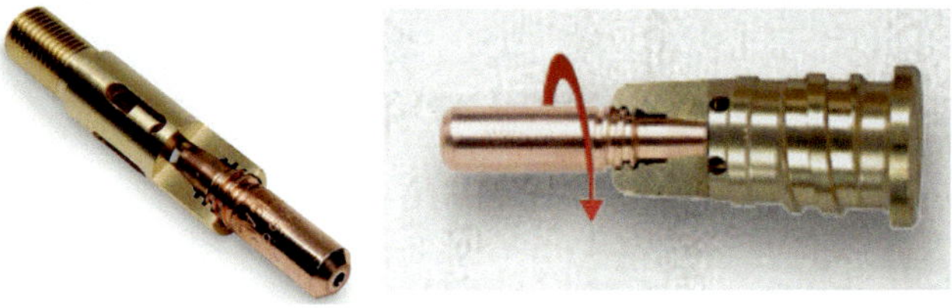

Figura 1.37.

La punta de contacto está fabricada en aleación de cobre. Su función es conducir el hilo hacia la soldadura y hacer pasar la corriente eléctrica al hilo. Para cada diámetro de hilo hay una punta de contacto con el agujero adecuado. (Véase Fig. 1.38).

Diámetro hilo (mm)	Diámetro orificio punta de contacto
0,8	0,9
1	1,1
1,2	1,35
1,6	1,75

Figura 1.38. *Relación entre el diámetro del hilo y la punta de contacto.*

1.3.5. Botella de gas

El gas de protección se suministra en forma de botellas de distintos formatos, siendo su capacidad variable entre 200 y 300 bares.

En casos de alto consumo, el suministro puede venir de un depósito conectado a una red de tuberías que distribuye el gas a todos los puestos de trabajo.

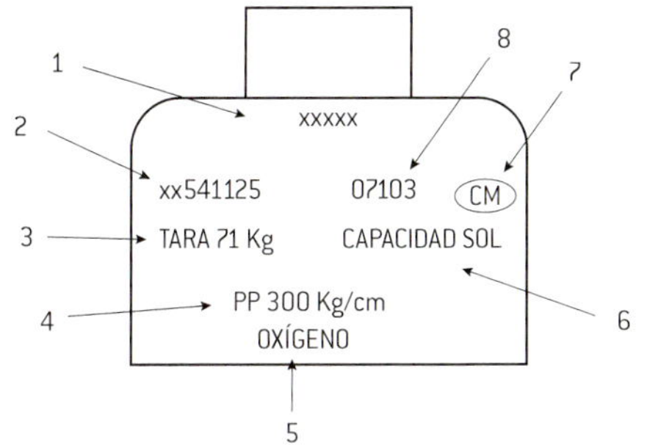

1. NOMBRE DEL PROPIETARIO
2. NÚMERO DE FABRICACIÓN
3. PESO EN KG.
4. PRESIÓN DE PRUEBA HIDRÁULICA
5. GAS CONTENIDO
6. CAPACIDAD EN LITROS
7. IDENTIDAD DE QUIÉN REALIZÓ LA PRUEBA
8. FECHA DE LA PRUEBA HIDRÁULICA

Figura 1.39.

La forma más habitual de regular la presión de salida del gas desde la botella tradicional o depósito es un manorreductor. Existen formatos de botella donde viene incorporado.

Figura 1.40. *Gentileza de* ***CARBUROS METÁLICOS.***

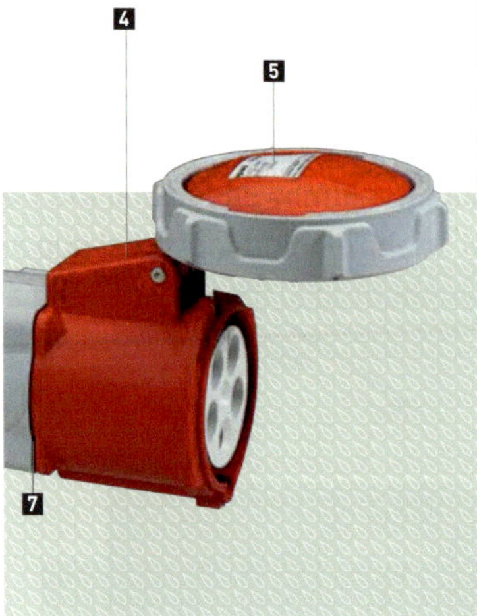

SEGURIDAD Y MEDIO AMBIENTE

SEGURIDAD

Cumplen con las normas IEC 60 309 1 y 2

Centros de producción con las certificaciones ISO 14001 y ISO 9001

Excelente resistencia a los productos químicos. Las bases y clavijas son de poliamida 6.

Tornillos con tratamiento anticorrosión, muelles inoxidables para las tapas de las tomas

Resistente a temperaturas de -25 °C a + 40° C

MEDIO AMBIENTE

Materiales reciclables sin halógenos

Embalaje en cajas no individuales

Productos con Eco Passport-PEP

PEP eco PASS PORT

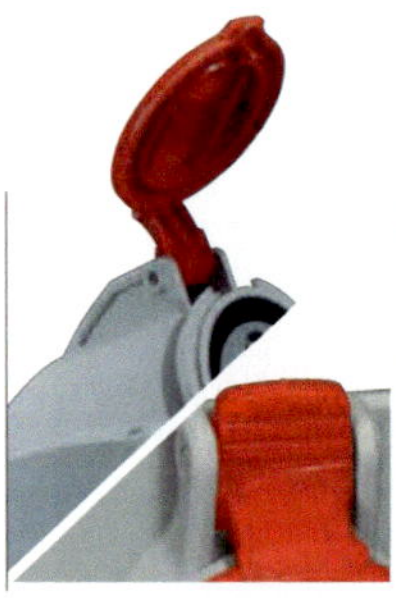

4 PALANCA DE APERTURA

Para facilitar las conexiones/desconexiones. Sujeción de la tapa en posición abierta para las bases murales de superficie y de cuadro

5 MARCA DE POSICIÓN

Localización grabada en la gama de productos IP66/67 para una verificación rápida de la posición abierta y cerrada.
Área de marcaje en cortinilla des bases y la parte superior de clavijas para una identificación rápida por el usuario.

6 EJE DE METAL REMACHADO

El eje de metal remachado asegura aún más la robustez de los productos 63 y 125 A.
El anillo dentado de sujeción facilita las operaciones de bloqueo/desbloqueo de la tapa.

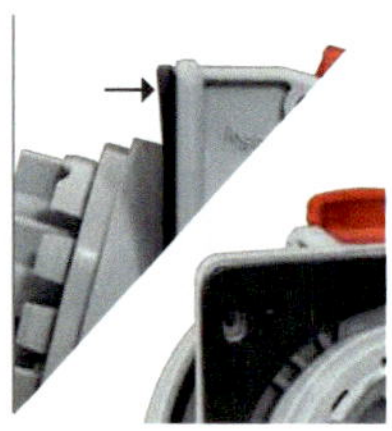

7 JUNTA DE ESTANQUEIDAD

Para las bases para quadros.

Figura 1.43. *Gentileza de **LEGRAND.***

En función de las características de la fuente de alimentación el enchufe tendrá tres, cuatro o cinco espigas y el cable estará preparado para conducir más o menos corriente. Para ello existe un código de colores que los identifica a simple vista.

Tensión nominal de trabajo V	Colores 1)
da 20 a 25	Violeta
da 40 a 50	Blanco
da 100 a 130	Amarillo
da 200 a 250	Azul
da 380 a 480	Rojo
da 500 a 690	Negro

Figura 1.44. *Gentileza de **SCAME.***

TABLA SINOPTICA DE UNIFICACION DE CLAVIJAS Y BASES PARA USO INDUSTRIAL SEGÚN LA NORMA EN 60309-2

Tensión nominal de utilización >50V~

Número de contactos	Numero de polos	Frecuencia Hz	Tensión de utilización V	Posición horaria (h) contacto de tierra(1)		Color codificado
				16/20A 32/30A	63/60A 125/100A	
3 Contactos 2P3W	1P+N+T Serie II	50 e 60	100÷130	4	4	
		60	277	5	5	
	2P+T Serie I y II	50 e 60	100÷130	4	4	
			200÷250	6	6	
			380÷415	9	9	
			480÷500	7	7	- (6)
			Alim. de trans. de aisl.	12	12	- (6)
		100÷300	> 50	-	-	(5)
		>300÷500	> 50	2	-	(5)
		d.c.	>50÷250	3	3	- (6)
			> 250	8	8	- (6)
4 Contactos 3P4W	2P+N+T Serie II	50 e 60	125/250 monofásica	12	12	-
	3P+T Serie I y II	50 e 60	100÷130	4	4	
			200÷250	9	9	
			380÷415	6	6	
		60	440÷460 (4)	11	11	
		50 e 60	480÷500	7	7	- (6)
			600÷690	5	5	(2)
		50 60	380 440 (3)	3	-	
		100÷300	> 50	10	-	(5)
		>300÷500	> 50	2	-	(5)
5 Contactos 4P5W	3P+N+T Serie I y II	50 e 60	57/100÷75/130	4	4	
			120/208÷144/250	9	9	
			200/346÷240/415	6	6	
			277/480÷288/500	7	7	- (6)
			347/600÷400/690	5	5	(2)
		60	250/440÷265/460 (4)	11	11	
		50 60	220/380 250/440 (3)	3	-	
		100÷300	> 50	-	-	(5)
		>300÷500	> 50	2	-	(5)
TODOS LOS TIPOS		Todos los tipos de tension y/o frcuencuencia que no están en standard con las presentes config.		1	1	-

(1) Las posiciones indicadas con un guión no están unificadas.

(2) Según la ley italiana las tensiones de utilización superiores a 400V c.a.(o superiores a 500V para los casos como en el articulo 2 de la ley 19-6-1955, num. 518) y a 600V c.c.se consideran alta tensión

(3) Para containers refrigerados (standard ISO).

(4) Principalmente para instalaciones a bordo de barcos

(5) Para frecuencias >60÷500Hz, puede ser utilizado si es necesario, el color verde en combinación con el color de la tensión de utilización

(6) Para las clavijas y bases la norma EN 60309-2 fija sólo la posición horaria (h) del contacto de tierra, pero no el color, SCAME ha previsto el color gris RAL 7035.

SERIE I y SERIE II

Los productos de la Serie I y la Serie II son dimensionalmente casi iguales pero están clasificados para distintas corrientes nominales. Para la Serie I las corrientes son 16A, 32A, 63A, y 125A mientras que para la Serie II las corrientes nominales son 20A, 30A, 60A y 100A.

Los productos de la Serie I se utilizan en todos los países de América del Sur, Asia, Australia y África, mientras que los productos de la Serie II se utilizan principalmente en América del Norte (EE.UU, México y Canadá) y en algunos países de América del Sur.

USOS ESPECIFICOS:

- *Las tomas de corriente SCAME para usos específicos diferentes de 4-6-9 horas se fabrican sólo bajo demanda, entonces no están normalmente disponibles en stock. Se pide una cantidad mínima de 50 piezas por pedido.*

Figura 1.45. *Gentileza de* ***SCAME.***

En los casos en los que la toma de corriente está lejos y utilizamos un alargador, es importante que este tenga la sección suficiente para conducir la corriente de tal forma que la resistencia a su paso sea la menor posible. Así evitamos accidentes por excesivo calentamiento del alargador, se reducen las pérdidas de energía y menores consumos.

Distancia desde la máquina de soldar al lugar de trabajo										
	15	25	30	40	50	60	70	80	90	100
Intensidad	Sección mínima necesaria (mm2)									
100	25	25	35	35	35	35	50	50	50	50
150	35	35	50	50	50	50	70	70		
200	35	50	50	70	70	70				
250	35	50	70	70	70					
300	50	70	95	95						
350	50	70	95							
400	50	70	95							
450	70	95								
500	70	95								
550	95									
600	95									

Figura 1.46. *Gentileza de* ***Mayte Fernández.***

Por otro lado, si se está trabajando en campo, hay que conectar la máquina a una pica de cobre que haga de toma tierra para proteger al soldador del contacto eléctrico. En caso de que la corriente se derive a alguna parte metálica del equipo, encontrará en la toma de tierra un camino con mínima resistencia. El flujo de electrones tiende a seguir el camino más corto y fácil, de ese modo evitamos que pase a través del cuerpo de la persona que toque el aparato.

Para mayor seguridad, se deben utilizar los equipos de protección individual (EPI) y calzado con suela aislante.

2. **Instalar el carrete.** El hilo para la soldadura del acero al carbono suele venir en cajas de cartón protegido por un plástico. Antes de sacarlo, debemos verificar que es compatible con el soporte de nuestra máquina. Cuando no es así, en muchos casos se puede utilizar con la ayuda de un adaptador.

Figura 1.47. *Adaptador de bobina de hilo.*

Los soportes suelen tener un resalte o "tetón" que coincide con un agujero en el carrete o adaptador. Este sirve para hacer girar la bobina o frenarla sin riesgo de que esta patine.

Figura 1.48. *Foto del tetón y el lugar de la bobina que ajusta.*

Una vez montado, ajustar bien la tuerca o mecanismo de sujeción para trabajar con la seguridad de que el carrete no se va a caer del soporte, aunque se le haga girar rápidamente.

Figura 1.49. *Foto de tuerca de cierre.*

Enrollado en un lateral del carrete suele venir el extremo del hilo. En su montaje este debe quedar al mismo nivel de los rodillos para que el devanado sea lo más fácil posible para estos.

Figura 1.50. *En la imagen izquierda, una bobina mal montada. A la derecha, montaje correcto: el hilo se devana a la altura de los rodillos.*

Una vez cortado, se hace pasar por las guías que lo conducen hasta la sirga con cuidado de no soltarlo (se devanaría). Una vez introducidos unos centímetros de hilo en esta, se pueden cerrar los rodillos.

4. **Sirga**. Antes de seguir con el enhebrado debemos desmontar la camisa o sirga. Para soldadura MAG de acero al carbono generalmente se utilizan las tradicionales de espiral de acero.

   Una vez desmontada y comprobado que su estado es bueno (sin golpes ni zonas aplastadas), se puede volver a montar. Si no es así, es necesario cambiarla para evitar atascos de hilo.

   Para cada medida de manguera estándar (de 2 a 5 m) hay una sirga. Para su montaje debemos sacar la vieja y meter la nueva por el extremo de la manguera y, antes, desmontar la punta de contacto y el difusor.

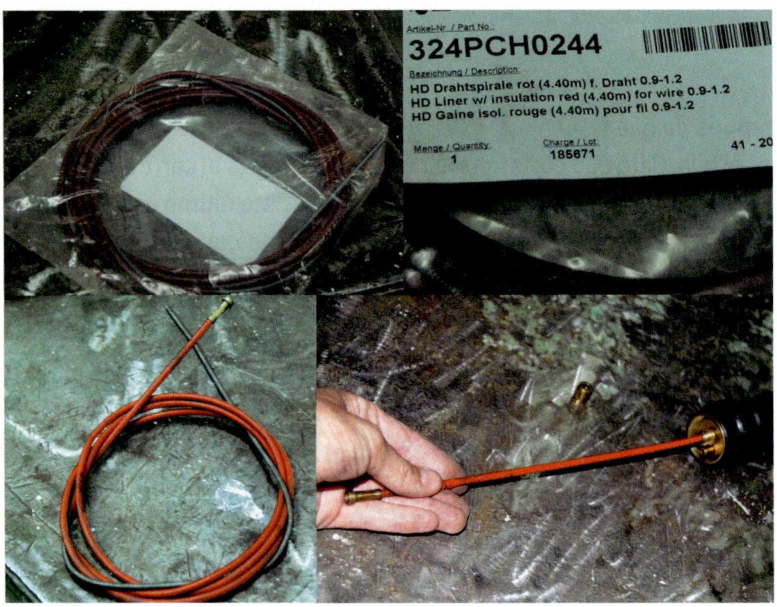

Figura 1.55.

A veces les suele costar un poco pasar la zona que va de la empuñadura al cuello de la pistola (justo donde esta es curva), en ese caso saca un poco la camisa y vuelve a intentarlo con la manguera extendida sobre una superficie recta.

Una vez montada, coloca la tuerca de retención en el extremo de la manguera para que la sirga no se mueva. Por el extremo contrario sobresale parte de esta. Esto es normal, permite que la misma sirga se pueda ajustar a la manguera y a la longitud de la pistola que se utilice. Con un cortaalambres eliminamos el sobrante dejando que asomen unos 3-5 mm de la camisa.

Figura 1.56. *Imagen de la tuerca de retención de la sirga.*

En algunos casos, cuando se está trabajando, la manguera puede adoptar posiciones que hagan que la sirga retroceda ligeramente dejando esta de estar en contacto con la punta de contacto. Algunas veces esto supone que se puede atascar el hilo al retroceder el canutillo que la conduce. El fabricante BERNARD ha patentado un sistema flexible llamado QUICK LOAD™ en la que una parte de la sirga tiene longitud variable.

NUEVA TECNOLOGÍA
UNA COMBINACIÓN REVOLUCIONARIA

El sistema QUICK LOAD™ Liner AutoLength™ está diseñado para minimizar el tiempo de inactividad y los problemas relacionados con la calidad y la alimentación del alambre comúnmente asociados con haber cortado el liner a un largo incorrecto. Este nuevo sistema está diseñado específicamente para utilizarlo con los liners de carga rápida QUICK LOAD.

PROBLEMA: Los problemas de alimentación del alambre provocados por liners que son demasiado cortos ocasionan la ineficacia del proceso de soldadura y mayor tiempo de inactividad no deseado.

SOLUCIÓN: Realizar una actualización del sistema a este nuevo e innovador productocompensa los liners que son demasiado cortos, y ayuda a mejorar la eficiencia de la soldadura y reducir los costos del tiempo de inactividad.

- Permite tolerancias de hasta 2,54 cm (1") si la tobera es muy corta
- Acomoda el movimiento del liner durante la soldadura
- Reduce los problemas que se ocasionan al cortar el liner a un largo incorrecto
- Disminuye los burnback ocasionados por una falta de alineación entre el liner y la punta de contacto
- Mejora la alimentación de alambre mejorando la alineación del alambre con la punta de contacto

TAMAÑO DEL ALAMBRE	ALIMENTADOR	NÚMERO DE PIEZA DEL CONECTOR	INTERCAMBIABLE CON EL PIN DE ENERGÍA ESTÁNDAR	NÚMERO DE PIEZA DE LINER QUICK LOAD
0,035" - 0,045"	Miller®	214-81	214-1	415-35-25Q
	Miller	214-86	214-6-116	
	Tweco® #4	214-80	214	
	Tweco #5	214-812	214-12	
	Lincoln®	214-82	214-2	
	Euro	425-820	425-20	
0,052" - 1/16"	Miller	214-91	214-1	415-116-25Q
	Miller	214-96	214-6-332	
	Tweco #4	214-90	214	
	Tweco #5	214-912	214-12	
	Lincoln	214-92	214-2	
	Euro	425-920	425-20	

Consulte la hoja de especificaciones QUICK LOAD Liner y de conectores AutoLength (SP TRG-QLL) en BernardWelds.com/spec para una lista completa de números de piezas.

Figura 1.57. *Gentileza de* ***BERNARD WELDS.***

5. **Enhebrado.** Terminado el montaje de la sirga, podemos seguir con el enhebrado. Para ello debemos dejar la manguera sobre una superficie plana, lo

más estirada posible para facilitar el paso del hilo. Se recomienda una velocidad de hilo baja para evitar que se enganche o mejor usar la función de enhebrado que traen algunas máquinas: pulsando un botón se activan los rodillos sin abrir gas, evitando que este se desperdicie.

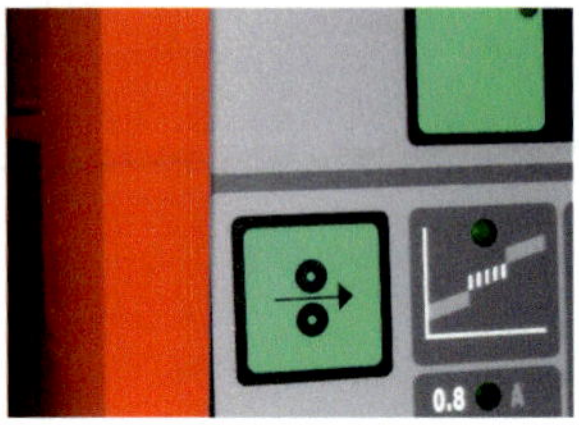

Figura 1.58. *Botón de enhebrado.*

6. **Difusor y punta de contacto.** Ahora que el hilo asoma ligeramente por el extremo de la pistola podemos terminar la puesta a punto. Primero montaremos el difusor y a continuación al punta de contacto. Esta última debe estar diseñada para el diámetro de hilo elegido (véase Fig. 1.59) y tener una métrica compatible con el difusor: cuando los repuestos son originales no hay problema, si no es así debemos comprobar antes si su métrica es 6 u 8 (M-6 o M-8). En algún caso podemos encontrar M-10 para pistolas manuales para voltajes altos o equipos automatizados.

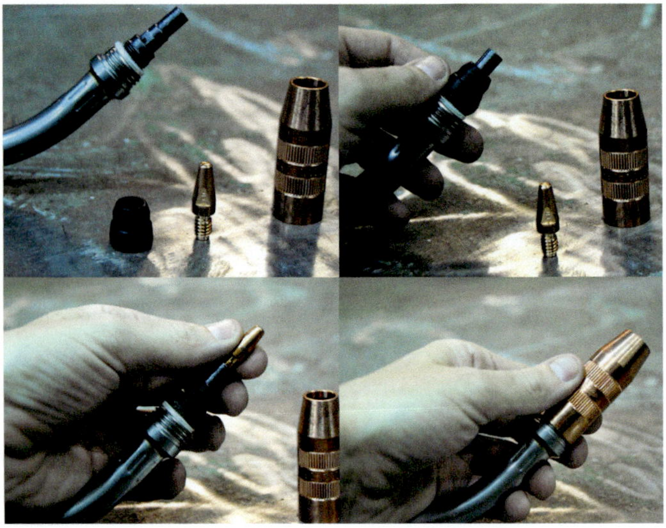

Figura 1.59. *Montaje del difusor y la punta.*

A veces los difusores son de plástico. En el montaje evitaremos apretarlos con fuerza y manipularlos sin guantes, ya que si se rompen su filo puede ser peligroso.

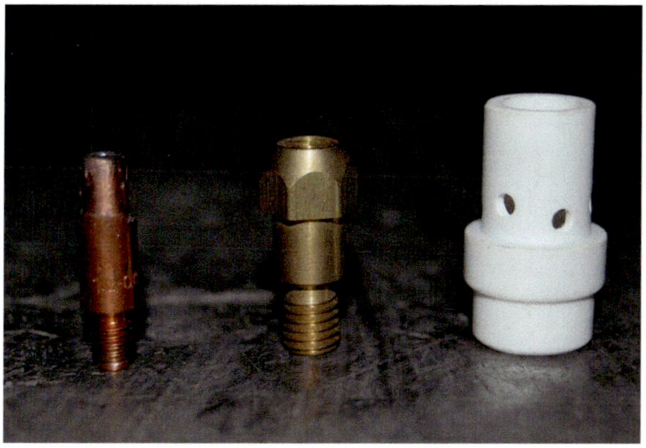

Figura 1.60. *De izquierda a derecha: punta de contacto, porta punta y difusor de cerámica.*

Existen toberas de distinta longitud, con ellas podemos cambiar la distancia de hilo libre manteniendo la misma distancia de la tobera a la pieza para mantener la protección de gas al tiempo que conseguimos mayor o menor penetración.

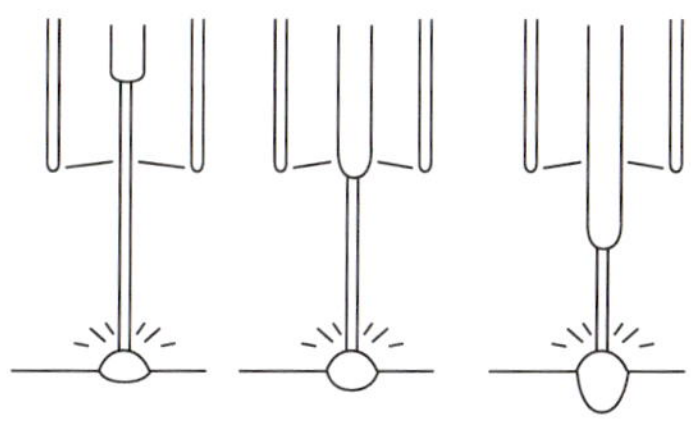

Figura 1.61. *A mayor longitud de hilo libre (punta más corta) menor penetración y a la inversa.*

7. **Tobera.** Por último, colocaremos la tobera dejando terminada la puesta a punto. Normalmente está fabricada en cobre o latón endurecido por trefilado. En la soldadura MAG del acero las toberas tienen un diámetro interior estándar que ronda los 15 mm. Dada la anchura del cordón y las características del acero al carbono estas garantizan la protección de la soldadura con caudales de 8 a 12 litros/minuto.

   En la soldadura MIG de otros materiales se debe elegir la tobera en función de la anchura de cordón y las características de la ZAC (zona afectada por el calor o zona de la pieza justo a los lados del cordón). Por ejemplo, un cordón en aluminio necesita una tobera mucho mayor comparado con el acero al carbono. En casos como este mediremos el diámetro interior de la tobera (por ejemplo, 25 mm) y regularemos el caudal de gas a razón de un litro/minuto por cada mm: 25 l/min (con un margen de 1 o 2 litros arriba o abajo).

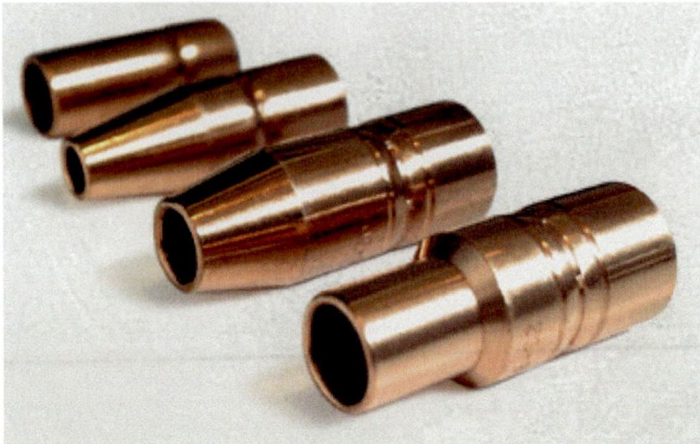

Figura 1.62. *Gentileza de* ***BERNARD WELDS.***

Algunas operaciones de mantenimiento periódico de las máquinas MAG son:

1. **Limpiar los rodillos.**

   Siempre que sea necesario se deben desmontar y limpiar con un paño mojado en acetona, esto es importante para que no contaminen el hilo. La acetona es un desengrasante eficaz, barato y fácil de conseguir, aunque es inflamable. Por esta última razón debe usarse con el equipo desconectado de la red y almacenarse en lugar seguro.

   Los rodillos van montados sobre unos engranajes engrasados que los impulsan. Al ir engrasados, en poco tiempo se acumula mucha suciedad en ellos. En general, el mecanismo se desmonta fácilmente, y una vez limpios los engranajes se deben engrasar de nuevo.

Figura 1.63.

2. **Revisar tubos de gas.**

   Los tubos originales de los equipos son resistentes al calor, lo que significa que, aunque soportan las proyecciones, con el tiempo se van deteriorando.

De un tubo perforado se fuga el gas y eso no solo supone un claro desperdicio de material, sino que también provoca riesgo de contaminación del cordón al bajar el caudal de gas que llega a la unión.

3. **Revisar cables eléctricos.**

   Los cables del enchufe y la masa deben de estar en buenas condiciones, por lo que conviene comprobar a menudo que están aislados para evitar contactos eléctricos.

4. **Revisar sirgas.**

   Si el hilo se atasca puede ocurrir que la sirga o camisa se haya deformado por aplastamiento, por ejemplo, al caer un objeto sobre la manguera o también debido a un uso intensivo.

5. **Limpiar la tobera de proyecciones.**

   Una de las causas de la aparición de poros en los cordones son las toberas llenas de proyecciones por las que el gas tiene dificultad para salir.

   Una vez limpia la tobera, para lo cual se podría utilizar, por ejemplo, una lima redonda, el interior de la tobera se puede rociar con spray antiproyecciones que la mantendrá limpia durante más tiempo.

Figura 1.64. *Imagen de spray antiproyecciones.*

6. **Comprobar estado de manorreductores.**

   Con el tiempo, los manorreductores pueden perder facultades y es conveniente comparar el caudal de salida que marcan con el que indica un medidor de flujo. Cuando los caudales no coinciden debemos utilizar un segundo medidor de flujo para descubrir dónde está el fallo. Si, por ejemplo, la lectura es la misma en los medidores ello significará que el manorreductor es el que falla y en ese caso habría que proceder a regular el gas según el medidor.

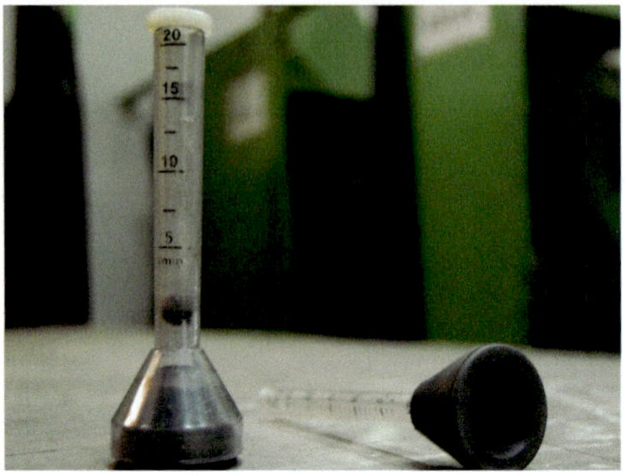

Figura 1.65. *Imagen de un medidor de flujo.*

7. **Limpiar rejillas de ventilación y soplar la máquina.**

   El polvo y la suciedad se acumulan en las rejillas de ventilación y acaban por estropear los ventiladores, al igual que los componentes eléctricos y electrónicos de la máquina, por lo que periódicamente hay que desmontar la carcasa y soplar el polvo con aire comprimido, utilizando para ello una presión baja de aire para no dañar las frágiles soldaduras de los componentes electrónicos. Para las zonas más delicadas es recomendable utilizar una brocha en lugar de aire comprimido.

   Algunos fabricantes diseñan sus máquinas para que se puedan soplar sin necesidad de desmontar la carcasa, aplicando aire comprimido directamente en la rejilla de ventilación en sentido contrario al del funcionamiento, es decir, desde la rejilla al ventilador.

Figura 1.66. *Rejillas de ventilación.*

8. **Mantener limpio el recipiente del carrete.**

Periódicamente o siempre que sea necesario se debe limpiar la carcasa o el lugar de la máquina donde se encuentre el carrete. Con ello prevenimos problemas de poros o de inclusiones de cuerpos extraños en el cordón.

Figura 1.67. *Recipiente del carrete.*

1.4. Instalación de los útiles de sujeción

En el trabajo del soldador, todo aquello que hay que soldar más de una vez bien merece que le fabriquemos un útil. Con ellos se ahorra tiempo y sirven para sujetar antes, durante y después de la soldadura tubos, chapas, ángulos, etc.

Los más sencillos cumplen una función básica: posicionar las probetas con o sin separación para su unión, evitar que se muevan durante el soldeo o se deformen por efecto de las dilataciones y contracciones a las que se van a ver sometidas.

a. b.

c. d.

Figura 1.68. *Ejemplos de útiles sencillos: a. Chapas auxiliares evitan que se cierre la unión durante la soldadura. b. Garras para impedir deformaciones. c. Varilla evitando el cierre de la unión en el punteado. d. Soporte posicionador.*

A veces lo práctico es fabricar algo más elaborado donde sea fácil poner o quitar las piezas a soldar y que se sujeten o suelten fácilmente.

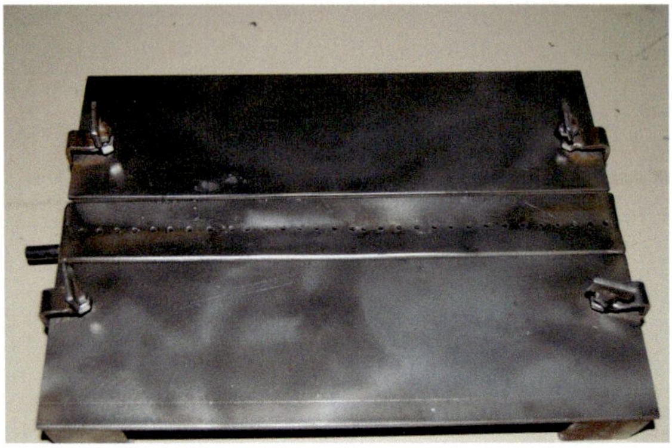

Figura 1.69. *Útil a medida de fabricación casera para examen de certificación de soldadores. Los tornillos de los extremos son fáciles de apretar o aflojar para sujetar chapas planas.*

1.5. Selección de la forma de transferencia

Si algo llama la atención del MAG es que muchos soldadores opinen que soldar con hilo es fácil pero, al mismo tiempo, aún encontramos talleres de soldadura donde nadie, ni siquiera la persona al cargo, tiene los conocimientos para regular correctamente los parámetros. Un día, el técnico que le instaló la máquina, dejó algunos grabados en las memorias y con ellos la plantilla suelda todo tipo de piezas, espesores y conjuntos.

En realidad, si fuera tan fácil utilizar estos equipos no existirían estas situaciones. Sin intención de criticar a estas personas (yo fui uno de ellos y era deses-

Figura 1.70. *Gentileza de* ***CASTOLÍN.***

perante no saber), casos así tienen la culpa de que los soldadores en general no tengamos precisamente fama de intelectuales.

Lo cierto es que la soldadura de hilo es sencilla si nos dan hecho el trabajo de parametrizar, pero no lo es la tarea de poner de acuerdo velocidad de hilo y tensión adecuadas al diámetro de hilo, posición de soldeo y tipo de gas de protección. Para esto último la persona debe estar formada, comprender cómo funciona el equipo a fondo para poder entender sus limitaciones y sacar el máximo partido a sus puntos fuertes.

Para empezar, la fuente de alimentación MIG/MAG es diferente a la del resto de procesos, pero para entender esto es necesario conocer los fundamentos de la soldadura eléctrica:

¿Qué es la corriente eléctrica?

La corriente eléctrica es un flujo de electrones que se mueve por un material conductor (metales, grafito y otros materiales) creando una corriente que se inicia cuando los átomos que componen la materia, inicialmente neutros, pierden o ganan electrones.

¿Qué es el arco eléctrico o voltaico?

El arco eléctrico o arco voltaico es una descarga eléctrica producida entre dos polos separados ligeramente. Esta descarga emite una luz muy intensa y provoca un gran desprendimiento de calor que genera la fusión del metal base y, en el caso del MAG, del material de aporte.

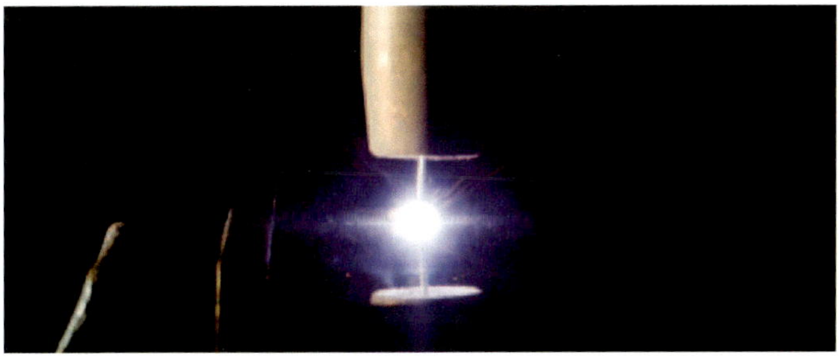

Figura 1.71. *Gentileza de **MILLER**.*

En condiciones normales, los gases, incluidos los que se usan en soldadura MAG para protección, son aislantes y hay que conseguir que se conviertan en conductores, es decir, hay que hacer posible su ionización.

Pensemos que un gas está formado por átomos (véase Fig. 1.72) Cada uno de ellos , en condiciones normales, tiene el mismo número de protones (cargas positivas) electrones (cargas negativas) y neutrones (sin carga). En el núcleo del átomo se encuentran los protones y neutrones, orbitando alrededor están los electrones. A temperatura ambiente, los átomos realizan movimientos rápidos y desordenados, chocando a veces entre ellos.

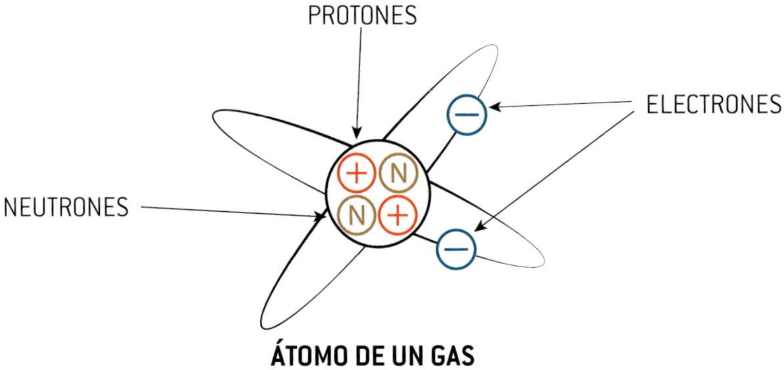

Figura 1.72.

¿Cómo conseguimos ionizarlo?

En la soldadura MAG el hilo generalmente está conectado al polo positivo y el metal base al negativo. Cuando hay contacto entre ambos se produce un cortocircuito que eleva la temperatura en la zona. Los electrones del flujo de corriente se sienten atraídos por el polo positivo (el hilo) y viajan hacia él. En este camino chocan con los átomos del gas y este choque provoca que otros electrones salgan de sus órbitas y se unan a los primeros.

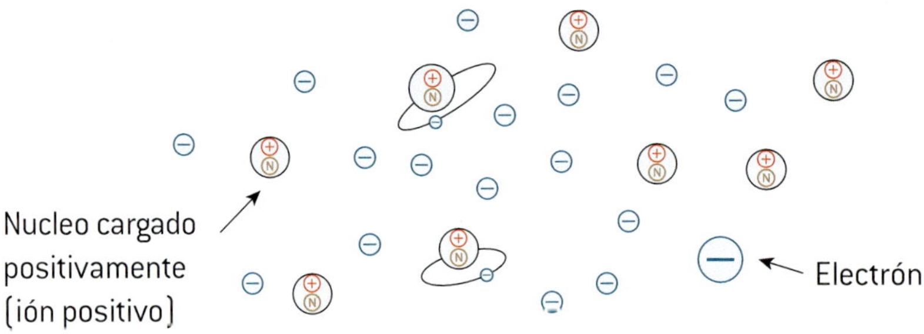

Figura 1.73.

¿Qué ocurre una vez que los átomos del gas se han separado en electrones y núcleos, es decir en iones negativos y positivos?

En ese momento, cada uno de ellos se verá atraído por un polo (véase Fig. 1.74), y se dirigirá hacia él: los electrones irán hacia el polo positivo y los núcleos hacia el polo negativo.

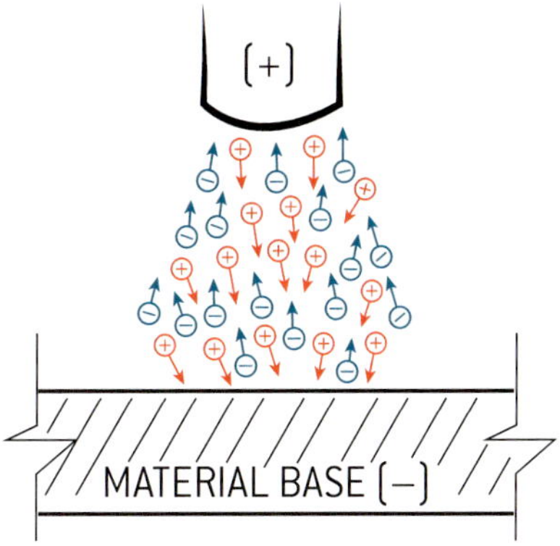

Figura 1.74.

El calor se reparte de forma desigual entre polos principalmente por el bombardeo de electrones que sufre el polo positivo. La masa de los electrones es pequeña y se desplazan a alta velocidad, ya que la tensión tiende a acelerarlos. Esto hace que tengan una alta energía cinética que, al chocar con el polo positivo, se transforma en calor (aproximadamente un 70 % de la energía total generada).

En el polo negativo, donde también se estrellan los núcleos cargados positivamente, ocurre lo contrario: tienen una masa muy grande pero se desplazan a muy baja velocidad (en comparación con los electrones). Esa energía cinética baja también se transforma en calor, por esta razón solo recibe el 30 % de la energía.

Al gas ionizado se le llama Plasma. Es el cuarto estado de la materia y solo en esas condiciones conducen la electricidad. Se supone que es el estado de los gases que forman el Sol.

A continuación, vamos a ver una serie de conceptos relacionados con lo que acabamos de aprender:

1. **Intensidad.**

   Es el número de electrones que pasan por un punto determinado de un conductor en una unidad de tiempo, por ejemplo, un segundo. Su unidad es el amperio y su símbolo en el Sistema Internacional de unidades de medida es A.

2. **Tensión o Diferencia de Potencial.**

   Es el trabajo empleado para mover una partícula cargada entre dos posiciones determinadas, es decir, un empujón al flujo de electrones lo suficientemente grande como para que se pongan en movimiento e inicien su camino hacia el polo positivo. Su unidad de medida es el voltio y su símbolo en el Sistema internacional de unidades de medida es V.

3. **Resistencia eléctrica.**

   Se define como resistencia eléctrica a la oposición que ofrecen los materiales al paso de los electrones. Por ejemplo, a mayor longitud del conductor y menor diámetro de este, mayor será la resistencia. Los materiales conductores pueden presentar distintos grados de resistencia. Generalmente los metales son conductores y los no metales suelen ser aislantes o semiconductores, es decir, solo conducen la corriente cuando se dan determinadas condiciones de temperatura y presión.

4. **Efecto Joule.**

   Se conoce como efecto Joule al calentamiento que sufre todo cuerpo conductor por el que circula una corriente eléctrica. Dicho calentamiento es proporcional a su resistencia, al tiempo que dure el paso de la corriente y a la intensidad de esta.

   Según el proceso de soldadura, el paso de esa corriente se puede regular desde el equipo de soldeo de distinta forma:

   – Para soldadura con electrodos revestidos o TIG la intensidad se regula con un mando.

   – Para la soldadura MIG MAG la tensión y la velocidad de hilo se regulan desde mandos diferentes. Es necesario encontrar el punto de equilibrio, también llamado punto de trabajo, entre ambas y, una vez encontrado, si varia una la otra ha de hacerlo también para encontrar un nuevo equilibrio.

Distinguimos entonces dos tipos de fuentes de alimentación:

1. De **intensidad constante.**

   La prioridad de la máquina es suministrar el mismo valor de intensidad. Si la longitud de arco aumenta, el equipo aumenta la tensión para que el valor de la intensidad se mantenga. Este tipo se utiliza en el soldeo con electrodos revestidos y también en TIG.

2. De **tensión constante.**

   Las que se utilizan en soldadura MIG/MAG. El equipo tiende a mantener la tensión constante independientemente de la distancia pistola-unión porque el voltaje está directamente relacionado con un parámetro llamado altura de arco o, por citar alguno de sus muchos nombres comunes, la "campana", que no es más que el lugar donde se empieza a "quemar" el alambre. La explicación está en que el calor que genera el paso de la corriente se concentra en un 90 % en la parte final del alambre (véase Fig. 1.75), lo que determina la altura de arco, un parámetro fundamental, como veremos a continuación.

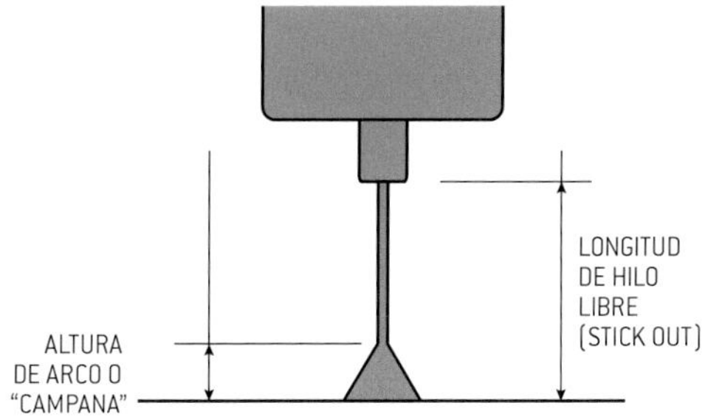

Figura 1.75.

La intensidad y velocidad de hilo están relacionados: a mayor velocidad de hilo, mayor intensidad pasará por el alambre.

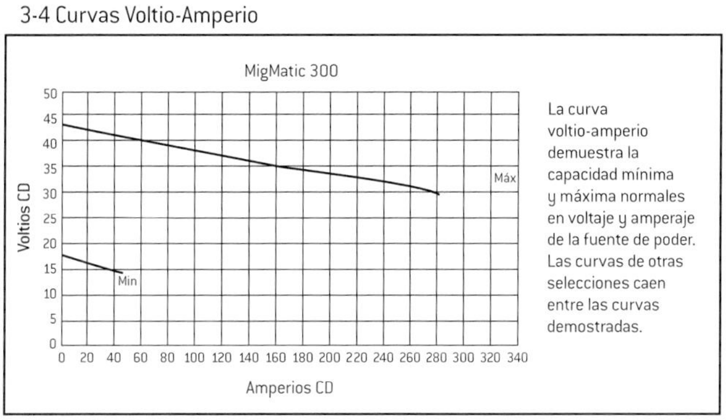

Figura 1.76. *La curva de arco de tensión constante. Gentileza de **MILLER**.*

He aquí un ejemplo: vamos a realizar una soldadura sobre una pieza con la distancia de hilo libre constante. A continuación, realizaremos otra soldadura manteniendo la distancia de hilo y el resto de los parámetros salvo la tensión, que vamos a incrementarla ligeramente. De este modo se obtiene una altura de arco mayor, es decir, la campana aumenta su altura y, en consecuencia, el área del cordón se hace mayor (véase Figura 1.77).

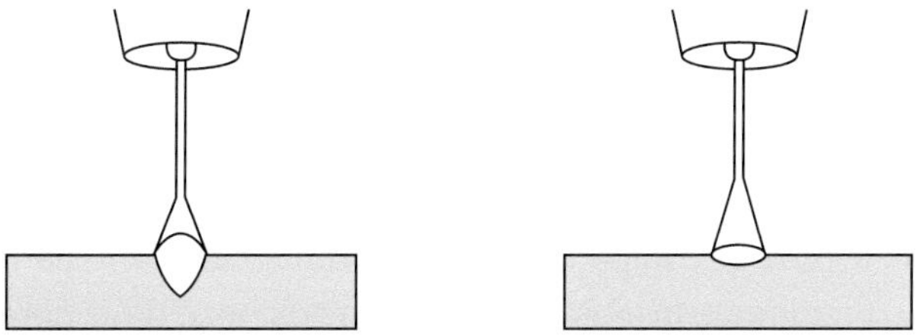

Figura 1.77. *Efecto de una distinta altura de arco manteniendo la misma longitud de hilo libre.*

Al aumentar la superficie también disminuye el aporte térmico, puesto que la misma energía se reparte en un área mayor y, en consecuencia, la soldadura pierde penetración.

Aparte de parámetros como tensión, velocidad de hilo e intensidad hay que tener en cuenta la distancia de hilo libre.

Vamos a explicarlo con otro ejemplo. Supongamos que estamos soldando con una longitud de hilo libre de 15 mm de distancia de la pistola a la pieza y, progresivamente, aumentamos esta hasta 20 mm, ¿qué ocurriría?

La ley de Ohm dice lo siguiente:

$$V \text{ (voltaje)} = I \text{ (intensidad)} \times R \text{ (resistencia)}.$$

Si la longitud del conductor aumenta, la resistencia que ofrece el alambre al paso de la corriente también será mayor. Entonces, dado que la fuente de alimentación es de tensión constante según la ley de Ohm para que el voltaje (V) se mantenga si aumenta la resistencia (R) la intensidad (I) debe disminuir. En conclusión llega menos energía a la unión y disminuye la penetración

Al reducirse la intensidad también se reduce la velocidad de hilo y, por lo tanto, a medida que la longitud de hilo libre aumenta la penetración y la deposición de material de aporte disminuyen.

En el caso opuesto, si la longitud de hilo libre se hace más corta la penetración aumenta y la penetración y velocidad de aporte aumentan.

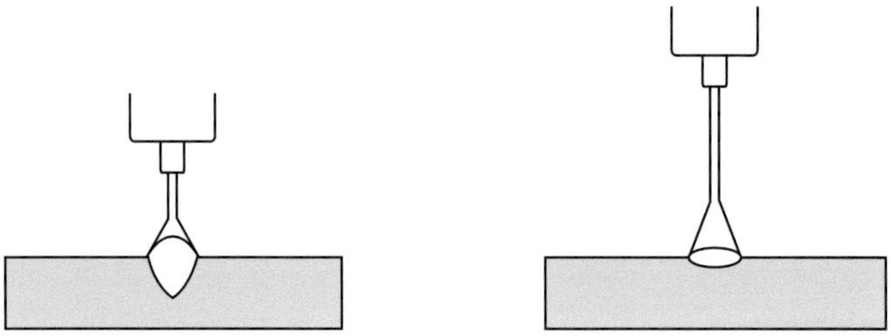

Figura 1.78. *Variación de la penetración con diferentes distancias de hilo libre.*

¿Qué está ocurriendo?

Lo que sucede es que el equipo tiende a mantener constante la tensión y para ello aumenta o disminuye la intensidad, según sea necesario, con el fin de mantener el arco estable y que su altura o campana no sufra variaciones que puedan desestabilizarlo.

Variar la longitud de hilo libre es una herramienta para controlar la penetración durante la soldadura. Eso sí, para que el equipo pueda dar respuesta a la variación de longitud del alambre y que el arco sea estable debemos acercar o alejar la pistola de forma suave.

Al aumentar la intensidad también aumenta la velocidad de hilo. En las máquinas semiautomáticas la velocidad de hilo y la intensidad van asociadas, es decir, que si aumenta un parámetro, aumenta el otro, de modo que llega más aporte a la soldadura. Por la misma razón, si disminuye la intensidad también la velocidad de hilo disminuirá y se aportará menos material a la soldadura.

La relación voltios/amperios en los equipos de tensión constante es la siguiente: por cada aumento de un voltio la intensidad disminuye 10 amperios, a esto se le llama rango de reducción.

Esta relación es particular a las fuentes de alimentación para semiautomática (MIG MAG y alambres tubulares). Los equipos para soldar con electrodo y TIG no funcionan igual. En estos últimos, la fuente de alimentación sale al paso de los cambios involuntarios en la distancia de arco subiendo la tensión para mantener la intensidad constante. Es decir, "empuja" con más fuerza a los electrones que forman el flujo de corriente para que no se pierda intensidad en la soldadura: a mayor distancia de arco, mayor tensión para mantener la intensidad constante.

Si la distancia disminuye, la fuente de alimentación responde bajando la tensión. Al hacerse más corto el medio gaseoso entre electrodo/tungsteno y pieza, disminuyen las pérdidas y con menos tensión es posible mantener el mismo nivel de intensidad (al menos muy parecido). Gracias a que la fuente varía la tensión una distancia de arco corto (2 mm) a largo (5 mm), apenas produce cambios en la intensidad de soldeo.

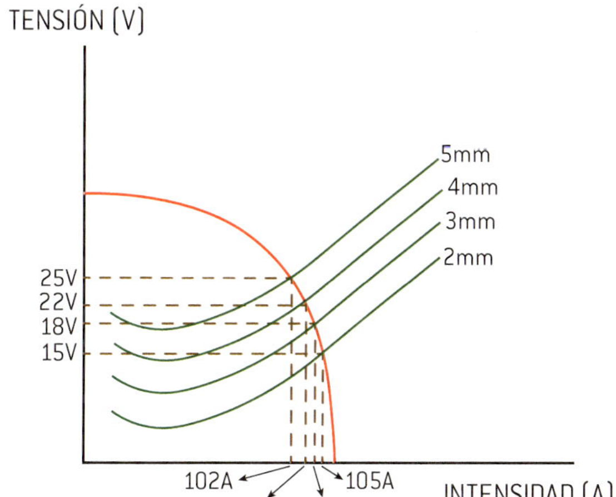

Figura 1.79. *Características de fuente a intensidad constante. Gentileza de* ***Mayte Fernández.***

La transferencia por arco corto/cortocircuito se consigue con valores de tensión bajos, generalmente entre 16 y 22 voltios (50 a 150 amperios). El ruido que produce la soldadura en este modo es un ronroneo al que los soldadores, de forma muy popular, le llaman pedorra.

¿Cómo se produce la transferencia?

Al pulsar el gatillo de la pistola el hilo avanza hasta hacer contacto con la unión. En ese momento el arco eléctrico se apaga mientras se produce un cortocircuito (al disminuir la tensión la intensidad aumenta) que calienta mucho la zona del hilo en contacto con la pieza hasta que el extremo se desprende con una pequeña explosión (Fig. 1.82). En ese momento deja de haber contacto entre hilo y pieza, vuelve a establecerse el arco eléctrico (aumenta la tensión y disminuye la intensidad) hasta que el hilo nuevamente avanza y toca la pieza, provocándose otro cortocircuito. La corriente no es lo suficientemente alta como para permitir que el hilo se derrita al ritmo que se aporta, por esta razón este proceso se repite constantemente. Aunque no sea visible a simple vista, durante un segundo se pueden producir entre 20 y 200 cortocircuitos.

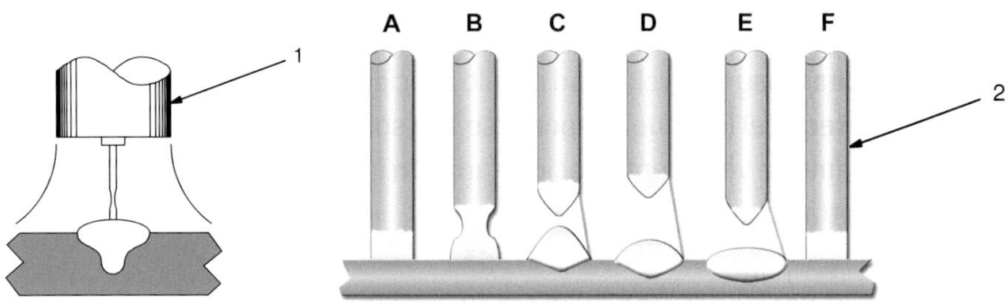

Transferencia cortocircuito (1). Etapas del cortocircuito (2).
Figura 1.82. *Gentileza de **MILLER.***

En el momento en el que se produce el cortocircuito, la velocidad a la que aumenta la intensidad es un factor esencial. La intensidad se puede aumentar o disminuir mediante la inductancia[1]. Permitiendo que la intensidad se incremente a la máxima velocidad que permita el grupo de soldadura haremos posible que se desprendan más gotas, lo que aumentará el número de proyecciones. Por el contrario, si se reduce la velocidad a la que se incrementa la intensidad de la corriente, las proyecciones se reducen y la tensión en el alambre será mayor,

[1] La inductancia es una propiedad de los circuitos eléctricos, gracias a la cual cuando la corriente que atraviesa el circuito aumenta o disminuye, el circuito genera una fuerza electromotriz, es decir, una energía que proviene de la propia corriente eléctrica.

consiguiendo así un baño de fusión más fluido y un cordón más plano. Si seguimos reduciendo la velocidad a la que aumenta la intensidad alcanzaremos un momento en que el hilo se percibirá duro porque aumenta la dificultad para desprenderse de la gota.

¿Cómo modificar la inductancia?

Los equipos analógicos sencillos suelen tener dos o más tomas de masa, cada una con una inductancia diferente. En equipos digitales bien se puede programar o bien, usando la programación propia de la máquina, esta se encarga de buscar el punto óptimo de inductancia.

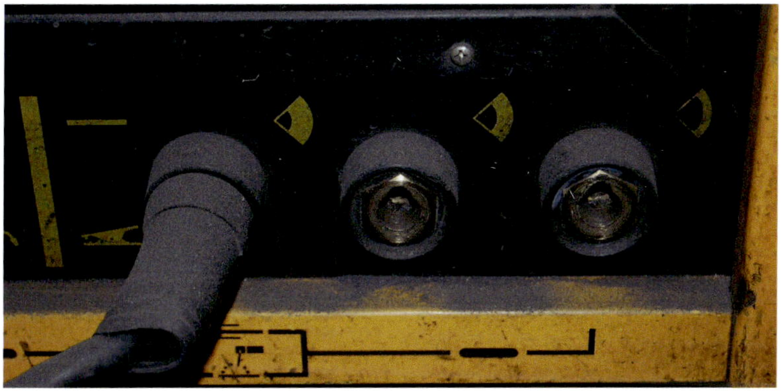

Figura 1.83. *Tomas de inductancia.*

El modo de transferencia por cortocircuito facilita la soldadura con hilo; aporta poco calor a la soldadura, sin demasiadas proyecciones, si la regulación de los parámetros es buena. No obstante, por esa misma razón, si el material a soldar tiene mucho espesor es fácil que se produzcan faltas de fusión.

Los avances tecnológicos permiten, por ejemplo:

- Controlar la corriente del hilo en cada momento del cortocircuito. De este modo, se aporta menos calor a la unión; se reducen los consumos y las deformaciones, pero se pueden utilizar diámetros de hilo más gruesos para chapas finas gracias a los que se aumenta la tasa de deposición con una mayor altura de cordón, lo que puede suponer que no sea necesaria una pasada[2] en caliente mejorando la productividad.

[2] Se denomina así a la capa siguiente al primer cordón o raíz, que tiene por misión eliminar posibles faltas de fusión de este.

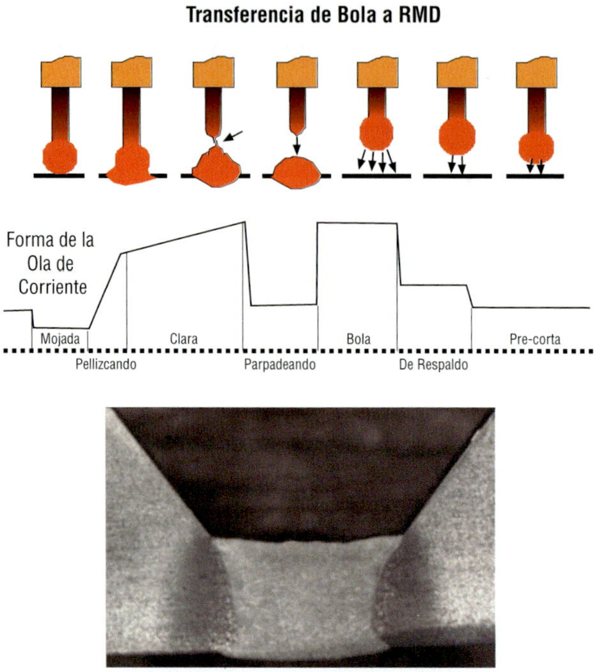

Figura 1.84. *Sistema RMD. Gentileza de* ***MILLER.***

- <u>Variando el sentido de avance del hilo</u>.

  En el momento que hay contacto y se produce la gota, el hilo frena su avance y retrocede, favoreciendo que se desprenda la gota, reduciendo las proyecciones y la cantidad de calor aportado, ya que reduce el tiempo de cortocircuito.

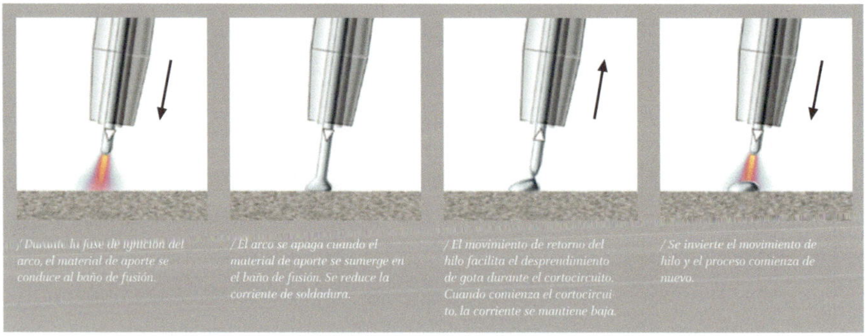

Figura 1.85. *Sistema CMT (Cold Metal transfer)™. Gentileza de* ***FRONIUS.***

En la actualidad existen sistemas integrados de monitorización de soldadura como INSIGHT CORE™ de MILLER, que permite detectar errores de soldadura, gracias al análisis de los parámetros con los que se realizan las soldaduras.

Es capaz de indicar al soldador dónde puede estar el problema, incluso tiene la capacidad de alertar sobre los posibles problemas en tiempo real. Toda la información respecto a cada soldadura se almacena en una base de datos de un servidor SQL que puede contener datos de uno o varios equipos que utilicen INSIGHT CENTERPOINT™.

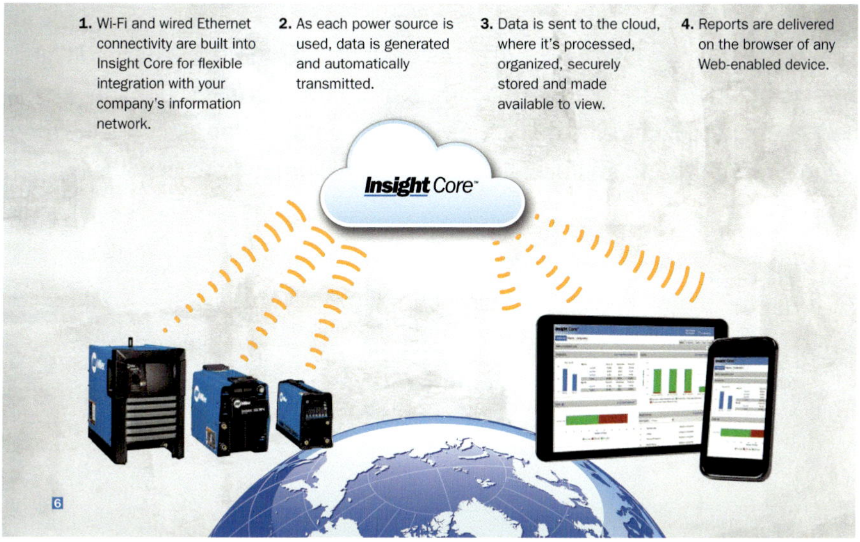

Figura 1.86. *Sistema INSIGHT CORE™. Gentileza de* ***MILLER.***

1.5.2. Arco globular

Cuando el modo de aportación cambia de cortocircuito a arco spray se produce un arco de transición por transferencia globular. Como el valor de la corriente es mayor en la punta del hilo, se forma una gota que, finalmente, se desprende por su propio peso, siempre y cuando esta tenga, al menos, el doble de diámetro que el propio hilo. El arco eléctrico se establece entre la gota y la pieza. A diferencia de lo que sucede en el modo de transferencia en cortocircuito, el arco eléctrico está activo prácticamente durante todo el tiempo.

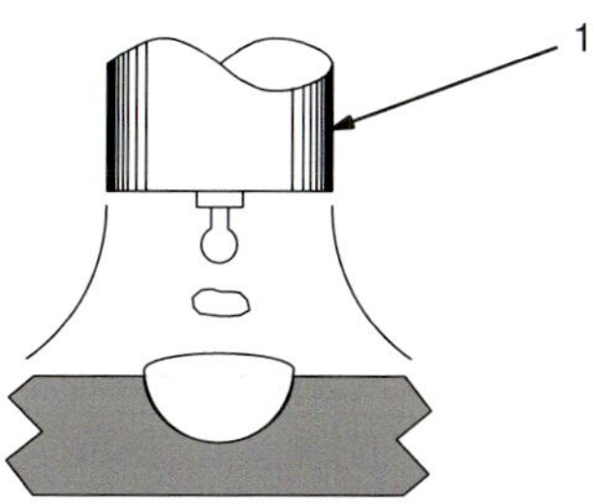

Figura 1.87. *Transferencia globular. Gentileza de* ***MILLER.***

Se dice que el arco globular no tiene ninguna utilidad, pero un soldador experto puede obtener buenos resultados trabajando en este modo al soldar en posición plana el cordón de raíz con una relación talón-entrehierro que permita su fusión ordenada. La desventaja es que, normalmente, se producen muchas proyecciones.

1.5.3. Arco spray

Generalmente, entre los 24 y los 40 V, es decir de 150 a 500 A, a partir del primer contacto hilo-pieza, se alcanza una temperatura tan alta en la punta del alambre que este se funde en forma de cientos de finas gotas. A diferencia de los modos de aporte vistos hasta ahora, en el arco spray el diámetro de las gotas es menor al del hilo.

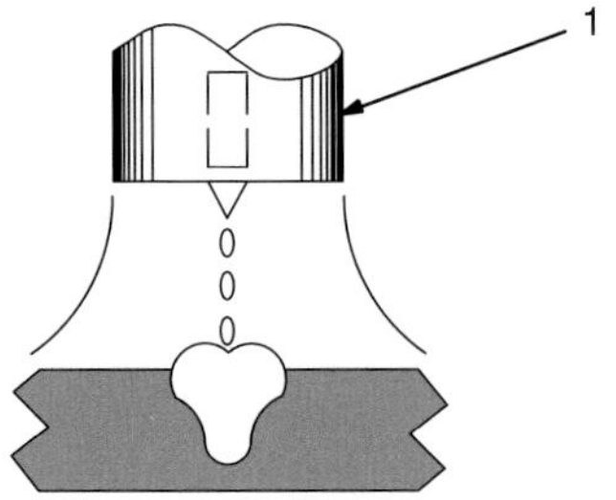

Figura 1.88. *Arco spray. Gentileza de* ***MILLER.***

Al ser necesaria una corriente media-alta para que el modo de transferencia pase a arco spray, tanto la penetración como el aspecto del cordón son muy buenos. No obstante, esto limita su aplicación en posición distinta a la horizontal: recordemos que una corriente elevada supone un aporte de hilo a alta velocidad y eso supone que sea difícil conseguir cordones sin descuelgues.

Su sonido es distinto al del arco corto; se trata de un zumbido constante más agudo que en el caso anterior y apenas produce salpicaduras si la velocidad de hilo y el voltaje están en equilibrio.

Diámetro hilo	Gas de protección	Intensidad mínima para arco spray (A)
1,0	98 % Ar - 2 % O_2	165
1,2	98 % Ar - 2 % O_2	220
1,6	98 % Ar - 2 % O_2	275
1,0	85 % Ar - 15 % CO_2	180
1,2	85 % Ar - 15 % CO_2	240
1,6	85 % Ar - 15 % CO_2	295

Figura 1.89. *Referencia amperajes mínimos para obtener arco spray.*

1.5.4. Arco pulsado

¿Se puede trabajar aportando el hilo de forma similar al arco spray sin limitación para soldar en posición distinta a la horizontal con pocas salpicaduras?

Para dar respuesta a esta pregunta se desarrolló el arco pulsado.

Figura 1.90. *Gentileza de **3M** (todos los derechos reservados 3M).*

Como su nombre indica, consiste en variar o "pulsar" la corriente.

En este modo de aportación el procesador del equipo combina dos corrientes: una continua y baja que garantice que el arco no se apague, llamada de base, sin que haya transferencia de material, con otra intermitente o de pico, que aumenta la intensidad de corriente lo suficiente como para fundir una gota del mismo diámetro que el hilo utilizado, gota que se desprenderá antes de que el hilo llegue a tener contacto con la pieza. De este modo, se consigue buena penetración debido al alto valor de intensidad de corriente que alcanza cada pulso. Al mismo tiempo, si se compara la energía media utilizada con otros modos de aporte, esta es menor, lo que reduce las deformaciones en el material base. El intervalo de tiempo entre cada pulso es la frecuencia. A mayor frecuencia, el arco es más estable y concentrado.

En la actualidad, algunos equipos MAG ofrecen la opción del doble arco pulsado, que consiste en una corriente de base constante y una de pico intermitente, con un pico menor entre dos mayores para limitar la cantidad de calor aportado a la unión. También cuenta con una velocidad de alimentación del alambre variable para que en todo momento la velocidad se adapte al valor de la corriente, es decir,

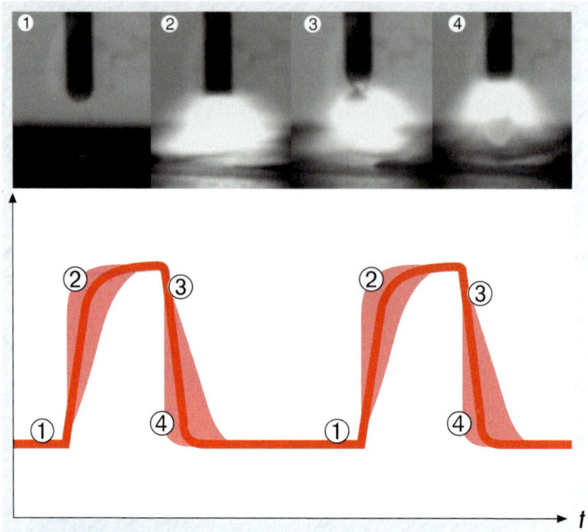

Transferencia del material con arco voltáico pulsado: una gota por cada impulso.

Figura 1.91. *Gentileza de* ***FRONIUS.***

la máquina alimenta el hilo a una velocidad sincronizada con la corriente de base y también con la de pico. De este modo, se consigue afinar aún más el rendimiento de la máquina; se reducen las proyecciones, al igual que el calor aportado a la soldadura; mejora el control del baño soldando en posición distinta a la horizontal debido a que la cantidad de hilo que se alimenta está muy controlada; también mejora el aspecto del cordón y gracias al alto valor de corriente pulsada se asegura una buena penetración de la soldadura.

El problema puede venir a la hora de la regulación del equipo porque hay muchos más parámetros a tener en cuenta. Aunque sean sinérgicos, a menudo hay que afinar levemente la configuración propuesta por la máquina teniendo en cuenta que, generalmente, no distingue entre posiciones de soldeo. También el precio del equipo es más alto.

El sonido, tanto con arco pulsado normal como doble, es diferente al ronroneo del arco corto y al zumbido del arco spray. En este caso, debido a las dos corrientes, el sonido pasa de grave a agudo, sube y baja su volumen, unas características sonoras que rápidamente se identifican con este modo de aportación.

1.5.5. Arco rotativo

Se llama así al modo de aportación para el soldeo de alto rendimiento de piezas de gran espesor. El material aportado en este modo puede llegar hasta los 12 kg por hora. Para rotar el arco se necesita una alta velocidad de alimentación del hilo, entre 20 y 30 m/min y mezclar gases de protección inertes, ya sea argón o argón-helio con oxígeno, pues favorece la tendencia del arco voltaico a girar, lo que tiene como consecuencia un aporte estable y constante del hilo. La proporción del gas es del 1 al 8 % de O_2 y el resto de argón, o bien de un 1 % a un 8 % de O_2, de un 10 a un 40 % de helio y el resto argón.

Cuando el hilo es ferromagnético y se combina con esa mezcla de gases la estabilidad del arco es muy alta, teniendo buen rendimiento y buena calidad de la soldadura para grandes espesores. El *stick-out*, es decir, la longitud de hilo libre debe ser grande, ya que en combinación los parámetros que acabamos de mencionar, el este se calienta lo suficiente como para que su extremo se funda y, al mismo tiempo, el paso de la corriente por un hilo largo genera un campo magnético que hace rotar el extremo del alambre.

Este modo de aportación no está limitado por el diámetro del electrodo, ya que se pueden utilizar hilos de diámetros desde 0,8 a 1,6 mm, aunque el mejor resultado se consigue con hilos de entre 1,0 y 1,2 mm.

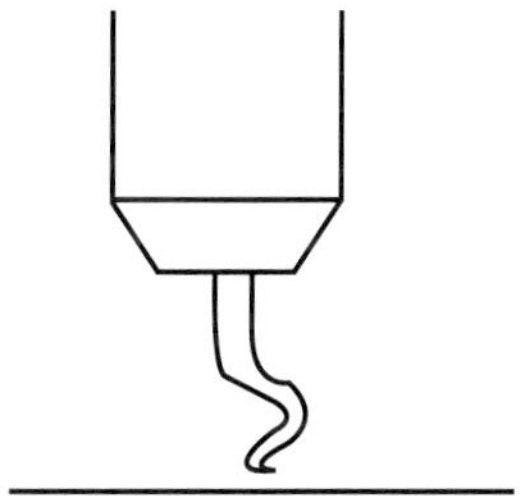

Figura 1.92.

1.6. Regulación de los parámetros principales en la soldadura MAG de chapas: polaridad, tensión de arco, intensidad de corriente, diámetro y velocidad de alimentación del hilo, naturaleza y caudal del gas

Vamos ahora con la puesta en marcha de la máquina, tomando como ejemplo un equipo sencillo manual y analógico.

1. **Polaridad.**

   Generalmente el hilo estará conectado al polo positivo. Como ya sabemos, el flujo de corriente va del polo – al + y eso hace que en este último se concentre un 70 % del calor del arco. Con ello se consigue un arco estable y que la gota se pueda desprender del hilo con más facilidad.

Figura 1.93.

2. **Diámetro del hilo.** Se debe escoger teniendo en cuenta el espesor de la pieza a soldar, la posición de soldeo y el modo de transferencia en que se quiera trabajar.

3. **Caudal y tipo de gas.** En cada caso hay un tipo de gas recomendado para cada alambre.

   El caudal puede variar según la posición en la que soldemos o el tamaño de la tobera. Como referencia vamos a empezar con 8-10 litros/minuto. Debería ser suficiente para soldar acero pero, en caso de que aparezcan poros o el arco se vuelva errático ajusta un l/min por cada milímetro de diámetro interior de la tobera.

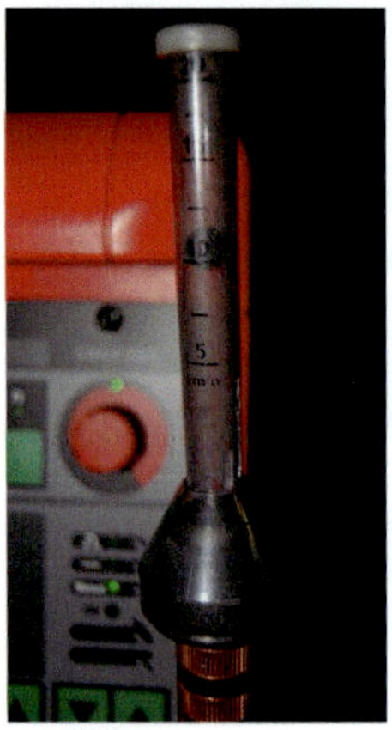

Figura 1.94.

4. **Tensión de arco, intensidad y velocidad de hilo.** Una forma sencilla de regular cualquier equipo de "oído" pero sin problemas es seleccionar el valor de

tensión que se crea adecuado (o el que se indica en el apartado de prácticas) y, al mismo tiempo, subir a tope el de velocidad de hilo. A continuación arrancamos sobre una chatarra: el arco saltará y notaremos que el hilo rebota, pues la corriente que pasa por el no es suficiente para fundirlo. La idea es que con una mano sigamos abriendo arco sobre la chatarra y que con la otra vayamos bajando lentamente la velocidad de hilo hasta que notemos que el hilo deja de rebotar y el sonido cambia: dejan de oírse chispazos intermitentes para pasar al ronroneo característico del arco cortocircuito.

¿Por qué hacerlo así? Es una forma sencilla de encontrar el punto de equilibrio voltaje/velocidad de hilo sin riesgo. Si la tensión es alta y el hilo sale despacio puede calentarse tanto que se funda dentro de la punta de contacto, perdiendo esta última y, con mucha seguridad, formándose un nido en los rodillos (atasco de hilo) que supone tirar unos metros a la basura y perder tiempo en arreglar algo que no tiene por qué pasar.

Del valor de intensidad se encarga la fuente de alimentación: como ya vimos, esta mantiene el voltaje prácticamente constante variando la intensidad si la longitud de hilo libre cambia.

Si la máquina es sinérgica esto no es necesario, podemos seleccionar la tensión que queramos y el equipo regulará la velocidad de hilo e intensidad. Este tipo de máquinas tienen los parámetros en su programación para cada material base a soldar, espesor, tipo de gas y diámetro de hilo, solo hay que facilitarle esta información y se regulan solas e incluso permiten que variemos lo que según su programación es más adecuado.

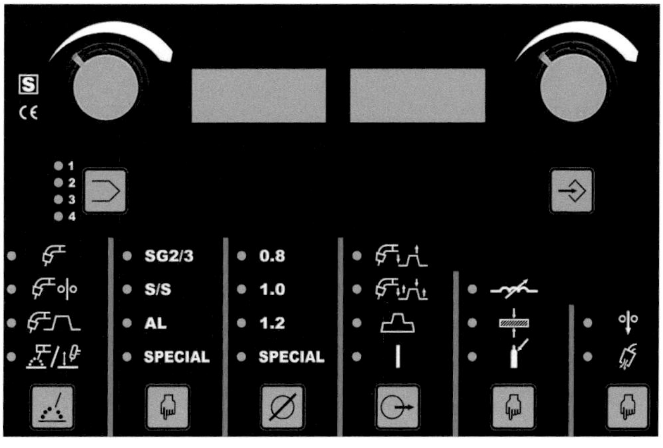

De izquierda a derecha. 1. Elección del proceso. 2. Material. 3. Diámetro de hilo. 4. Modo pistola. 5. Inductancia, espesor, gas. 6. Botón de enhebrado y test gas.

Figura 1.95. *Gentileza de* ***MILLER.***

1.7. Inclinación de la pistola según junta y posición de soldeo

Para asegurar la protección del gas es necesario que la inclinación de la pistola sea de 70-80° en el sentido del avance, como referencia general. No se debe llevar inclinada hacia los lados salvo uniones en ángulo, en "T" o solape.

En el apartado de prácticas se explica cómo realizar soldaduras en todas las posiciones y se dan las indicaciones para cada caso práctico en particular.

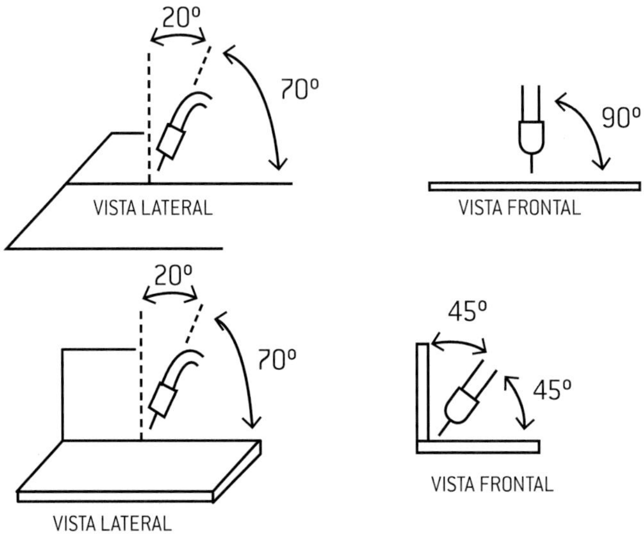

Figura 1.96. *Inclinación de la antorcha en ángulos y uniones a tope.*

1.8. Sentido de avance en aportación de material

¿Se puede soldar hacia delante y hacia detrás? La respuesta es SÍ.

La soldadura MAG del acero permite que la pistola avance hacia delante o hacia atrás sin problema, en otros materiales como aluminio solo se puede soldar hacia delante, pues necesita que el gas purgue la zona por adelantado o se formarían óxidos (el cordón queda de color negro a simple vista).

¿Qué diferencia hay? La penetración y el aspecto del cordón cambian, es otro parámetro más a tener en cuenta (recuerda: soldar con hilo es aparentemente fácil).

1. **Hacia delante.** Cordón más ancho con menor penetración.
2. **Hacia detrás.** Cordón más estrecho y mayor penetración.

Figura 1.97.

1.9. Distancia pistola-pieza

Como ya hemos visto, la distancia es un parámetro más en la soldadura MAG. En las máquinas analógicas más sencillas el hilo es suministrado a una velocidad constante y, para trabajar con un arco estable, se necesita mantener la distancia pistola-pieza lo más constante posible. Pasar lentamente de una distancia de 10 mm a 15 mm supone que:

1. La intensidad disminuye. Al incrementarse la longitud de hilo libre la corriente ha de pasar por un conductor más largo, lo que supone mayor resistencia. Como ya sabemos, según la ley de Ohm

   $$V\ (\text{voltaje}) = I\ (\text{intensidad}) \times R\ (\text{resistencia}).$$

   Para un voltaje constante en el que aumenta la resistencia el valor de la intensidad tiene que disminuir.

2. La penetración del cordón disminuye. Debido a que el aumento de la resistencia disminuye el valor de la intensidad llega menos energía a la unión y la penetración del cordón disminuye.

   Siendo la velocidad de hilo equivalente a la intensidad, a menor intensidad menor velocidad de hilo, lo que supone también que el aporte disminuya.

3. La protección del gas también disminuye si aumenta la longitud de hilo libre.

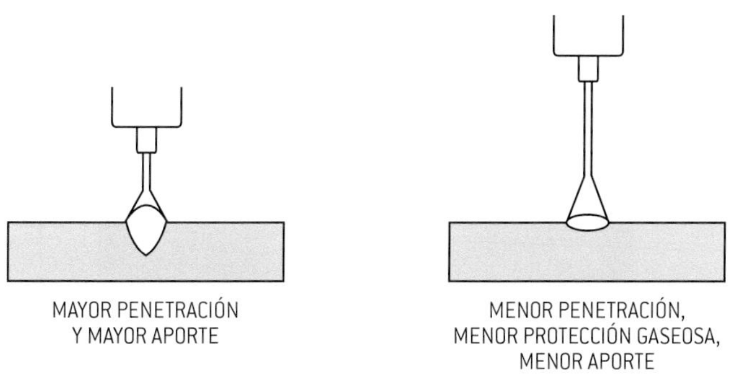

Figura 1.98.

En estos equipos las distancias recomendadas varían para el modo de transferencia [cortocircuito 5-12 mm, 12-25 mm resto].

La altura de arco está directamente relacionada con la tensión, pues esta se distribuye por toda la longitud de hilo de forma desigual, concentrándose en la punta o zona donde se establece el arco. Una vez encontrado el punto de equilibrio podemos conseguir una altura de arco menor bajando la tensión sin tocar la velocidad de hilo o a la inversa para mayor altura de arco.

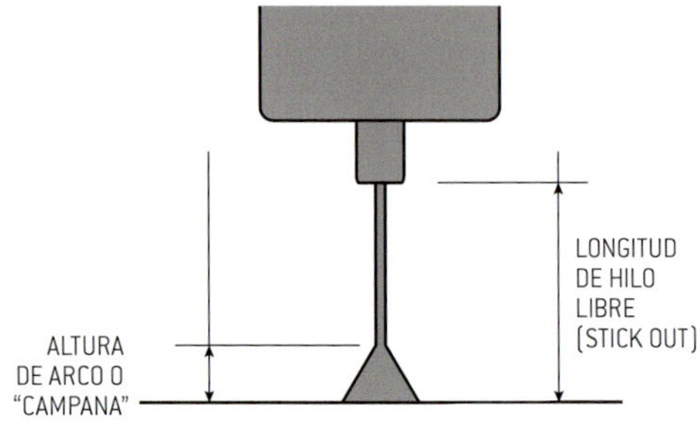

Figura 1.99.

1.10. Técnica de soldeo en las diferentes posiciones de soldadura

A continuación, en el apartado de prácticas, vamos a poder trabajar la soldadura MAG del acero en ejercicios de dificultad creciente, con tipos de unión diferentes y variando la posición en la que se realiza la misma práctica. En las fichas de trabajo no solo se describen las técnicas a seguir, también se indica cuáles son los errores más frecuentes y cómo resolverlos adaptados a cada caso en particular, algo que se complementa en el capítulo 6, dedicado exclusivamente a los defectos de soldadura.

1.11. Distribución de los diferentes cordones de penetración, relleno y peinado

En los casos prácticos veremos que el espesor de la pieza es un factor más: cuando la pieza aumenta de espesor se recomienda que en lugar de una pasada le demos dos o más para conservar la calidad del cordón.

Figura 1.100. *Pieza biselada de 8 mm.*

Para entender esto antes debemos distinguir entre "comodidad" y calidad. Si, por ejemplo, tenemos que soldar una unión biselada de 8 mm de espesor lo más cómodo es realizar un solo cordón esperando a que el material de aporte llene la unión pero la calidad de este va a ser menor que si lo soldamos en varias capas más finas: al primer cordón se le conoce como cordón de penetración o raíz, al siguiente o siguientes de relleno y al último de peinado o cierre.

¿Qué tiene que ver la calidad con la altura de cada cordón? Soldar con una corriente alta intentando que la capa sea lo más fina posible hace que el calor se emplee de una forma más eficiente, ya que este se localiza en un área más pequeña, lo que favorece la fusión. En consecuencia, se causan menos deformaciones en la pieza y hay menos riesgo de problemas metalúrgicos. Si, con el mismo valor de corriente, retenemos la pistola para depositar más material y realizar la unión de una sola vez, el daño que producimos a la pieza es mayor. La corriente que fundía los bordes de un área pequeña en un momento ahora necesita un tiempo largo para conseguirlo. Si subimos la corriente para conseguir mayor fusión, igualmente vamos a tener que permanecer un tiempo largo en cada punto de la unión, hasta el que el material de aporte rebose por el borde del chaflán.

Realizar la misma soldadura en varias capas o pasadas supone que podemos usar una corriente alta que asegure la fusión de los bordes y, al mismo tiempo, reducir las deformaciones finales. Al aplicar el calor de este modo el área caliente a los lados del cordón es más pequeña (se la conoce por zona afectada térmicamente o ZAT), al calor apenas le da tiempo a propagarse, lo que reduce las deformaciones y la posibilidad de problemas metalúrgicos como el temple de la ZAT. Además, en las capas más finas se reduce el riesgo de inclusiones de gas ya que este puede difundirse del cordón antes de que el material de aporte se enfríe y solidifique, y de cuerpos extraños ayudando también a que la temperatura se mantenga uniforme en todo el cordón si este tienen entre 1 y 3 mm de espesor. Según se supera esta altura aumentará el riesgo de que el "fondo" del cordón (zona más alejada del arco eléctrico) tenga una temperatura mucho menor que en la superficie (zona más cerca de la fuente de calor), algo que puede causar faltas de fusión.

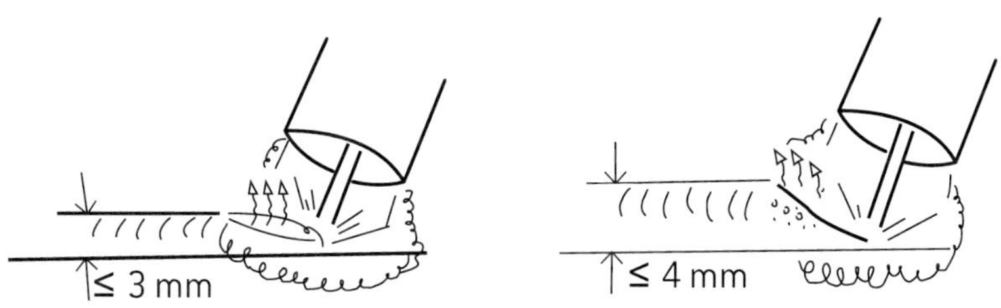

Figura 1.101.

1.12. Tratamientos presoldeo y postsoldeo

Conocer algunos principios de metalurgia nos ayudará a entender qué es y por qué se producen transformaciones en un material soldado.

Un metal en estado sólido está formado por elementos químicos cuyos átomos se disponen de forma ordenada, con patrones de repetición formando estructuras cristalinas organizadas que se conocen como los "granos" del material. Los metales presentan unas propiedades diferentes en función de:

1. Composición química.
2. Proceso de fabricación
3. Tratamiento térmico.

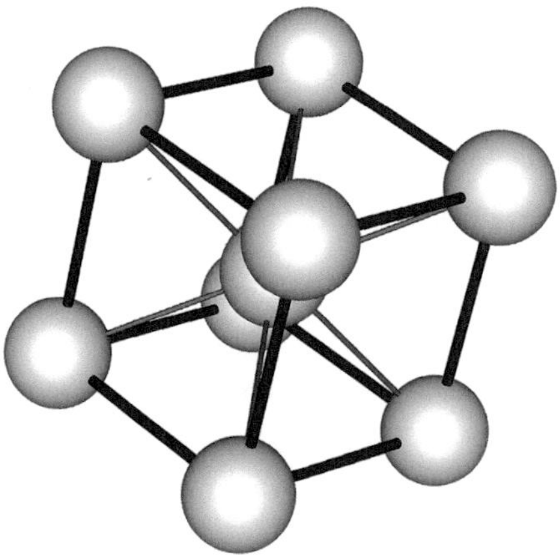

Figura 1.102. *Estructura cúbica centrada en el cuerpo ("Structure cubique centrée". Autor: Djhé. Trabajo propio. Licencia Creative Commons Attribution-Share Alike 3.0 Unported, 2.5 Generic, 2.0 Generic and 1.0 Generic license.*

1. Composición: el acero básicamente es Hierro (Fe) al que se le añade un pequeño porcentaje de Carbono (C) pero según lo que necesitemos fabricar a su composición de base se pueden añadir otros elementos que van a cambiar sus propiedades dando lugar a distintas aleaciones de acero con mayor dureza, resistencia a la corrosión, etc. Vamos a ver cuáles son algunos de esos elementos que se pueden añadir y cómo afectan a la aleación:
   - **Carbono.** Puede estar presente en un porcentaje máximo de un 2 % (si lo supera se considera fundición), a mayor cantidad de carbono aumenta la resistencia mecánica y se hace más difícil soldar la aleación.
   - **Manganeso.** Mejora su resistencia mecánica y aumenta la templabilidad.
   - **Cromo.** Si su presencia es baja (hasta un 9 %), hace que aumente la resistencia mecánica de ese acero en usos a altas temperaturas y también

lo hace más resistente a la corrosión y oxidación. A partir de un 12 % deja de considerarse un acero aleado para entrar en la familia de los aceros inoxidables.

- **Molibdeno.** Mejora la resistencia a la elevada temperatura, la resistencia a la corrosión y afina el grano. Aumenta la templabilidad del acero de forma considerable y mejora su resistencia a temperaturas moderadas.

  Su buena capacidad para formar carburos se aplica en la fabricación de herramientas de baja aleación pero con alta resistencia al desgaste.

- **Níquel.** Aumenta la tenacidad y la templabilidad.
- **Fósforo.** Su presencia es mala para la soldadura, se considera una impureza y si está presente en más de un 0,04 % puede facilitar la fragilización del material.
- **Silicio.** Aumenta la resistencia mecánica y la tenacidad del acero. Se usa como desoxidante en aceros de bajo contenido en carbono.

2. Sistema de fabricación. El material puede ser simplemente fundido o pasar por otros procesos para darle forma, comprimirlos, darles mayor densidad, etc. Algunos ejemplos:

   - **Laminación.** Transforma el acero en bruto de la siderurgia en todos los tipos de perfiles que están normalizados. Para ello al lingote de acero se le hace pasar por unos rodillos que van a conformarlo, bien en caliente o en frío.

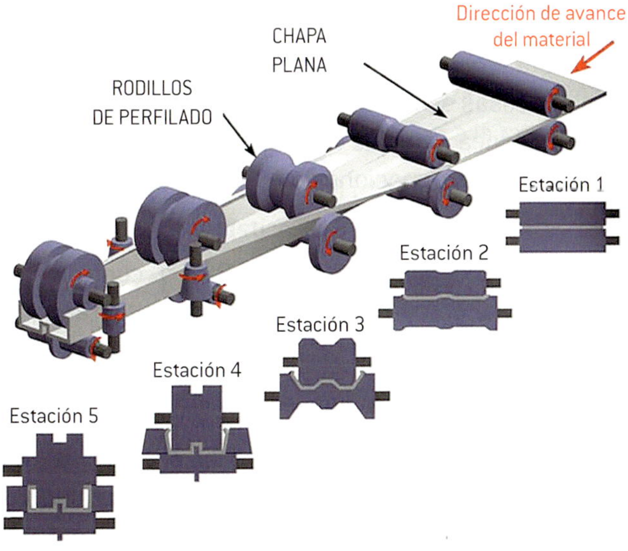

Figura 1.103. *Autor: PGC. Creative Commons Attribution-Share Alike 3.0 Unported.*

- **Ductilidad.** Es la capacidad del metal para dejarse deformar en frío. Las tuberías de acero dúctil, por ejemplo, son capaces de aguantar alta presión en su interior y al mismo tiempo deformarse cuando al estar enterradas pasa por encima un cuerpo muy pesado (como un camión) sin romperse.
- **Soldabilidad.** Capacidad de un metal para ser soldado en unas condiciones determinadas, de manera que se obtenga la estructura específica deseada y además la unión se comporte satisfactoriamente en las condiciones de servicio. A mayor soldabilidad los requisitos anteriores se logran más fácilmente.

El calor que generamos con el soldeo puede producir cambios metalúrgicos como el temple localizado o endurecimiento de bordes.

Figura 1.105. *Unión y su ZAT.*

A los lados de un cordón de soldadura está la que llamamos zona afectada térmicamente (ZAT) o zona afectada por el calor (ZAC), que es donde ocurren:

- Las tensiones producidas por las dilataciones/contracciones.
- Dependiendo de la composición y tipo de material que se suelda, también se produce ahí, en mayor o menor medida, una pérdida de ductilidad (capacidad del metal para deformarse en frío) y tenacidad (resistencia en general). Es decir, se reduce la resistencia y esta, al debilitarse, es más sensible a ceder ante las tensiones, apareciendo grietas a los lados del cordduce ay contracciones pueden deformarlas.

Es decir, se modifica la resistencia mecánica en la zona y es más sensible a ceder ante las tensiones apareciendo fisura a los lados del cordón, grietas o incluso llegando a romperse.

Si la soldabilidad del acero es peor cuanto mayor es su contenido en carbono y algunos elementos químicos, como ya hemos visto, ¿qué se puede hacer para evitar el temple o endurecimiento de la ZAT?

1. **Antes de soldar hemos de planificar el orden y la cantidad de cordones.** Se debe dar la mayor velocidad de avance siempre que se asegure la fusión, es

decir, pasar el tiempo imprescindible en el mismo punto para que la ZAT sea lo más pequeña posible.

2. **Conocer la composición o el tipo de acero podemos para saber si es necesario precalentarlo antes de soldarlo.** Salvo los aceros de muy bajo contenido en carbono (menos de un 0,15 %) no aleados, prácticamente en el resto es necesario un precalentamiento.

NORMAS			COMPOSICIÓN QUÍMICA				
UNE	**DIN**	**SAE**	**C**	**Mn**	**P**	**S**	**N**
F111	RST37-2	A570 Gr26	≤0,20	≤1,40	≤0,045	≤0,045	≤0,009
F112	CK25	1025	0,25	0,55	-	-	-
F113	CK35	1035	0,35	0,65	-	-	-
F114	CK45	1045	0,45	0,65	-	-	-
F115	CK55	1055	0,55	0,75	-	-	-

UNE	DIN	SAE	APLICACIONES
F111	RST37-2	A570 Gr26	Acero no aleado de uso general.
F112	CK25	1025	Acero al carbono de buena soldabilidad para el sector marítimo y construcción de máquinas .
F113	CK35	1035	Acero al carbono para piezas que requieran una resistencia de 400-500 N/mm^2.
F114	CK45	1045	Para piezas con una resistencia media 650-800 N/mm^2.
F115			Para piezas que requieran resistencia de 750 a 950 N/mm^2.

Figura 1.106. *Valores aproximados de contenido en carbono, manganeso, fósforo, azufre y nitrógeno de los aceros designados según UNE, DIN y SAE y aplicaciones de los aceros.*

Pero, ¿qué es un precalentamiento?

Aplicar calor antes de la soldadura hace que podamos reducir la intensidad a la hora de soldar y reduce el daño que se produce en la unión al pasar de temperatura ambiente a punto de fusión en un tiempo muy corto. Precalentando empezamos a soldar con la pieza a unos 100 y 400 °C. Esta temperatura debe alcanzarla en un tiempo más o menos largo dependiendo del porcentaje de carbono para que la dilatación sea soportable por el material.

En el caso de que tengamos que dar varias pasadas es muy importante mantener la temperatura por encima de la de partida en todo momento para evitarle más estrés por subidas/bajadas. Este control se realizaba con la ayuda de ceras o lápices térmicos. Se trazaba una línea en la pieza con el lápiz y, al alcanzar la zona una temperatura determinada, la línea se borraba. Había ceras para distintos valores de temperatura. En la actualidad la temperatura de la unión entre pasadas se mide con termómetros digitales y herramienta similar más precisa.

Si la costura es larga el precalentamiento se hace solo en la zona a unir. Es importante planificarlo bien y que seamos eficientes, tanto si la pieza es pequeña y se mete en un horno como si es grande y se calienta a soplete, porque esto es un coste añadido al de la soldadura. En el proceso de precalentamiento se debe buscar la mejor opción que no dispare el presupuesto de la obra y que, a su vez, respete las necesidades del material.

Al igual que se precalienta la pieza antes de la soldadura, cuando sea necesario se debe dar calor después para que su temperatura baje lentamente (post calentamiento) Esto es igual o más importante que el precalentamiento: consiste en interrumpir el enfriamiento y mantener la pieza un tiempo a una temperatura determinada. De esta forma se evita el temple, se producen menos tensiones al final y se permite que el hidrógeno que hubiese podido quedar en el acero se difunda y salga al exterior. Se puede recurrir también al horno o soplete aunque en algunos casos es muy barato y funciona muy bien enterrar la pieza en arena de grano fino para que no raye. También hay en el mercado otras opciones como las mantas térmicas, con las que se puede envolver casi cualquier objeto soldado para que retenga el calor y se enfríe lentamente.

En soldadura MAG el gas de protección hace posible que la corriente se establezca entre el alambre y la pieza al tiempo que evita que la atmosfera entre en contacto con el baño y reaccione con el metal fundido. Si por algún error oxígeno, nitrógeno o hidrógeno tienen contacto con el baño de fusión pueden producir defectos de distinto tipo:

- **Nitrógeno (N).** Produce fragilización, ya que aumenta la fluencia y reduce la ductilidad. El nitrógeno puede llegar desde la atmósfera por fallo del soldador (por ejemplo, inclinar mucho la pistola o exceso de separación de esta).
- **Oxígeno (O).** Produce oxidación y cambios en la templabilidad del metal base. El gas de protección es CO_2 puro o mezclado con argón que, al ionizarse el arco, se disocia liberando oxígeno. Como ya vimos, forma óxidos superficiales que, a su vez, dificultan que se introduzca en el interior de la soldadura.
- **Hidrógeno.** Produce fisuración. El precalentamiento disminuye la humedad reduciendo el riesgo de inclusiones de hidrógeno. Las fisuras pueden

aparecer en cuestión de segundos en el cordón o en la ZAT, aunque a veces pueden aparecer al cabo de horas después de la soldadura.

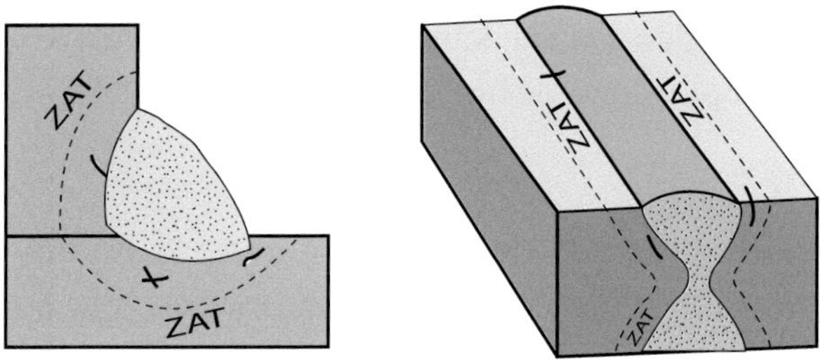

Figura 1.107.

Tipo de fisuración	Materiales afectados	Temperatura de fisuración
En frío o inducida por hidrógeno.	Principalmente, aceros al carbono y de baja aleación, aunque afecta a algunos de alta aleación.	Entre -60 y 150 °C.
En caliente o fisuración por licuación.	• Aceros al carbono y de baja aleación con alto contenido en S y P. • Aceros inoxidables austeníticos • Aleaciones no ferrosas de aluminio y níquel.	Se produce a temperaturas cercanas a su punto de fusión.
Fisuración por recalentamiento.	• Aceros inoxidables austeníticos tipo 18Cr- 12Ni- 1 Nb. • Aceros aleados al Cr, Cr-Mo y Cr-Mo-V.	Entre 400 y 600 °C.
Fisuración por corrosión bajo tensiones (*stress corrosion cracking*).	Todas las aleaciones de uso industrial.	
Desgarre laminar.	Aceros laminados.	Entre 150 y 350 °C.
Fisuración por corrosión intergranular por formación de carburos de cromo (sensibilización).	Aceros inoxidables.	Se puede producir entre 450 y 850 °C.
Fragilización por revenido.	Aceros de baja aleación al Cr y Cr-Mo.	Entre 450 y 600 °C.

Figura 1.108.

En resumen:

1. Los tratamientos térmicos previenen la fisuración producida por hidrógeno. Calentar las piezas a temperaturas por encima de 200 °C asegura que el hidrógeno esté en estado atómico y se pueda difundir fuera de la soldadura.

2. Los precalentamientos previenen las faltas de fusión y disminuyen tensiones en la unión al reducir la diferencia de temperatura entre el material base y de aporte. Ayudan a que las soldaduras sean dúctiles al reducir la velocidad de enfriado del cordón y la ZAT. También disminuye así el riesgo de porosidad en el cordón por presencia de humedad en el metal base.

1.13. Aplicación práctica de soldeo de chapas de acero al carbono en diferentes posiciones con hilo sólido

Como ya hemos visto en el Punto 1.2, cuando la pieza tiene un espesor de 3 mm o más es recomendable preparar sus bordes para ser más eficientes: aportando menos calor vamos a conseguir la soldadura de una forma más rápida, sencilla y menos agresiva para la unión y la ZAC.

En la práctica la mayoría de los soldadores que sueldan los perfiles normalizados deben estar homologados, es decir, haber superado un examen práctico que certifica que poseen los conocimientos y la habilidad suficiente para realizar sus funciones con responsabilidad (no olvidemos que todas las soldaduras la tienen).

Para echar una mano a cualquiera que tenga que realizar algún examen los ejercicios que se explican a continuación son pruebas de homologación de soldadores en acero al carbono con MAG. En primer lugar vamos a ver distintos casos de uniones a tope en distintas posiciones y a dar algunas recomendaciones de limpieza, preparación, punteado y técnica de soldadura con la ilusión de que puedan ser de utilidad.

La soldadura no es una ciencia exacta y son varios los caminos para conseguir el mismo objetivo, las indicaciones de las prácticas vienen de las vivencias personales que me han ayudado en esos exámenes, pero cualquiera puede tener una técnica distinta o descubrirla con el tiempo. El objetivo es conseguir cordones libres de defectos con la mayor calidad, que nadie se extrañe si descubre que hay más de una forma de conseguirlos. Lo más importante no es qué técnica o soldador/a es mejor, sino que la comparación sirva para ganar conocimientos, serenidad y la seguridad de que lo más probable es que todo salga bien y no al contrario.

"Amo a las personas capaces de sonreír en medio de los problemas".

Leonardo Da Vinci

MUY IMPORTANTE:

- Usa siempre las gafas de protección, el esmalte cobrizo del hilo salta desde la superficie de las soldaduras al enfriarse.
- Si en cualquier momento detectas que se forma porosidad en el baño de fusión (se ven unos "puntos negros" en el cordón), ¡para!, y elimina con la radial toda la parte contaminada.
- Recuerda limpiar la tobera y las partes de su interior de vez en cuando de proyecciones para que no impidan la salida del gas de protección.
- La manguera debe estar siempre lo más recta posible para que no se atasque el hilo en su interior. Ten cuidado de no dejar caer objetos sobre esta que puedan dañar la camisa que conduce el hilo, ni pisarla o doblarla en exceso.
- Elige siempre la presión mínima imprescindible en los rodillos de empuje para la posición de soldadura que tengas que ejecutar y te ahorrarás tener que reparar atascos por hilo aplastado.
- Utiliza la tenaza para coger las piezas calientes, nunca las manos, aunque lleves los guantes de soldador. ¡Están muy calientes!
- Acude al profesor siempre que tengas dudas sobre cómo usar las herramientas (radiales, sierras, esmeriles, etc.), porque son máquinas a las que hay que tener respeto, nunca miedo, para utilizarlas con precaución.
- Jamás sueldes sin la protección de la pantalla, sin guantes o en manga corta.
- Usa las protecciones: peto, manguitos, polainas, mascarilla, etc.
- Practica el empalme de cordones en todos los ejercicios propuestos.
- Sé cuidadoso con el material y limpia tu puesto al terminar la clase.
- Lee bien las indicaciones de cada práctica antes de empezar, pero cuando lo hayas hecho observa el ejercicio con tus ojos y sigue tu propia intuición.
- Realiza las prácticas con otro compañero: dos cabezas piensan más que una y es más fácil ver los fallos ajenos que los de uno mismo.

Si otros lo pueden hacer, nosotros también. Es cuestión de entender la técnica y practicarla.

1.13.1. Útiles de medida y comprobación

Las tolerancias definen el margen dentro del cual lo que fabricamos es válido o no. En fabricación metálica este margen oscila entre 0,5 y 1 mm.

Para verificar en las prácticas si se cumple o no usaremos los siguientes instrumentos de medida:

1. **Regla, flexómetro y cinta métrica.**

   Estos instrumentos se utilizan para medir magnitudes longitudinales. La regla se usa para medidas de hasta 1 m; el flexómetro o metro plegable para magnitudes de hasta 15 m, y la cinta métrica para medir longitudes de hasta 100 m.

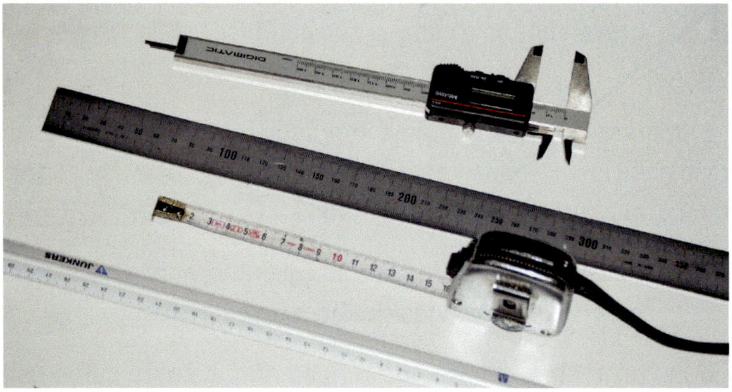

Figura 1.109. *De arriba abajo: calibre, regla, flexómetro y escalímetro.*

2. **Nivel.**

   Comprobaremos el nivelado de las piezas mediante el uso del nivel tradicional, preferiblemente magnético, o láser.

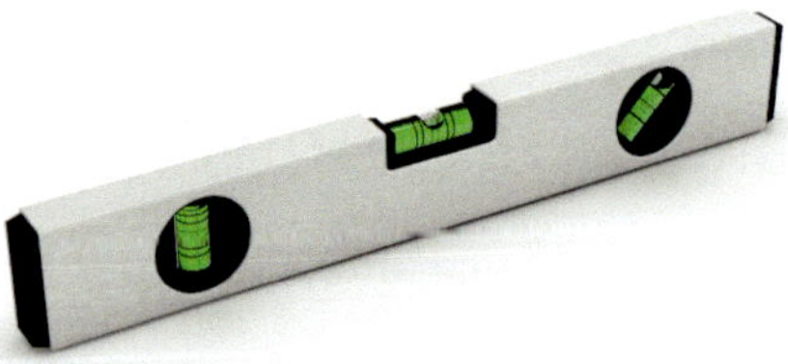

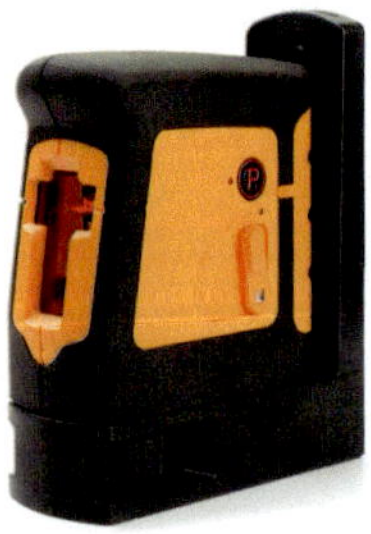

Figura 1.110. *Nivel de burbuja (izquierda). Autor: Wessmann, GNU General Public License. Láser (derecha). Gentileza de* ***MAKITA.***

El nivel sirve para verificar que una pieza se dispone en paralelo al suelo. Si se utiliza el nivel magnético, este debe colocarse en distintos puntos de la pieza y verificar que la burbuja está entre las líneas. Si se utiliza un nivel láser, comprobaremos que la línea recta que proyecta coincide con la pieza.

3. **Ángulos.** Escuadras y goniómetros.

Figura 1.111. *De izquierda a derecha: escuadra falsa, transportador de ángulos y escuadra de tacón.*

Las escuadras generalmente son ángulos rectos que sirven no solo para verificar la medida angular, sino también como ayuda en el trazado de marcas para realizar cortes rectos en perfiles y chapas. Si necesitamos cortar con alguna otra inclinación es necesario disponer de un transportador de ángulos y un goniómetro o escuadra falsa.

El goniómetro es móvil, por lo que se pueden marcar los grados que requiera el corte en un transportador de ángulos y luego llevar esa medida a la pieza.

4. **Calibre o pie de Rey.**

Figura 1.112.

El calibre es un instrumento de precisión que sirve para medir espesores de perfiles y diámetros de tubos, tanto interiores como exteriores. Cuenta con una regla sobre la que se desliza otra regla que indica la medida en pulgadas y milímetros al mismo tiempo.

5. **Escalas.**

Figura 1.113.

A la hora de interpretar medidas en planos, el escalímetro cuenta con varias escalas para medir sobre el dibujo y trasladar esa medida al corte, trazado o soldadura.

6. **Granete y punta de trazar.**

Sirven para marcar sobre el metal base medidas, indicaciones, líneas, etc.

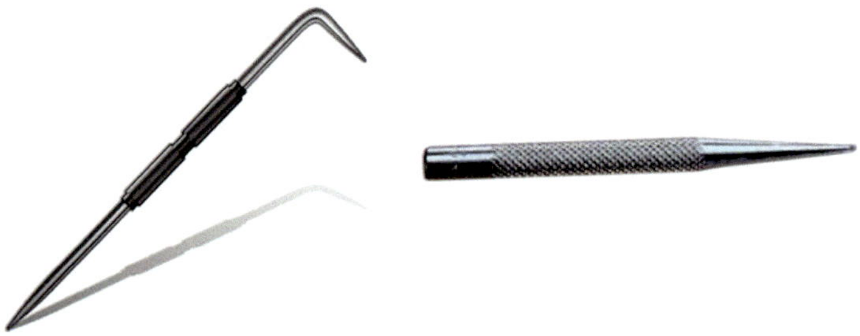

Figura 1.114. *Punta de trazar y granete.*

1.14. Prácticas de soldadura en todas las posiciones según AWS y EN

PRÁCTICA 1. Recargue en posición plana: cordones rectos y de peinado. PA(1G).

Material base. Pletina de acero al carbono 100 x 100 x 3 mm.

Diámetro hilo y designación. 0,8 mm. ER 70S-3 (AWS A5.18-05) G 46 3 M 2Mo (EN ISO 14341-A:2008).

N.º de cordones. 6 con movimiento recto y 3 con movimiento lateral, con la pistola hacia delante o detrás.

Corriente de soldeo. 15-18 voltios

Velocidad de alimentación del hilo. 3 a 6 metros/minuto.

Caudal de gas. 8-12 litros/minuto de argón/CO2 (85/15 %).

Modo de transferencia. Cortocircuito.

Longitud de hilo libre: 10-15 mm.

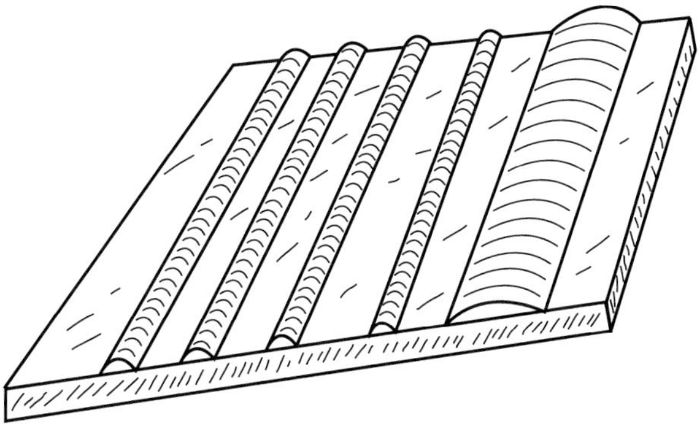

Figura 1.115.

En este primer ejercicio los objetivos a conseguir son:

- Aprender a realizar cordones rectos y a empalmar estos cuando sea necesario.
- Practicar los movimientos de peinado con balanceo para "peinar" el espacio que quede entre cordones con un solo cordón.

A la hora de cortar la pieza para la práctica debemos procurar ajustarnos a las medidas (100 x 100) para que el reparto de medidas del dibujo sea posible. Se trata de medir, marcar con la punta de trazar las medidas de cada lateral que servirán como guía a los cordones rectos (véase Fig. 1.116) y hacer lo mismo con el otro lado. Después uniremos las marcas entre ellas con la punta y una escuadra. Por último, remarcaremos las líneas con el granete y el martillo.

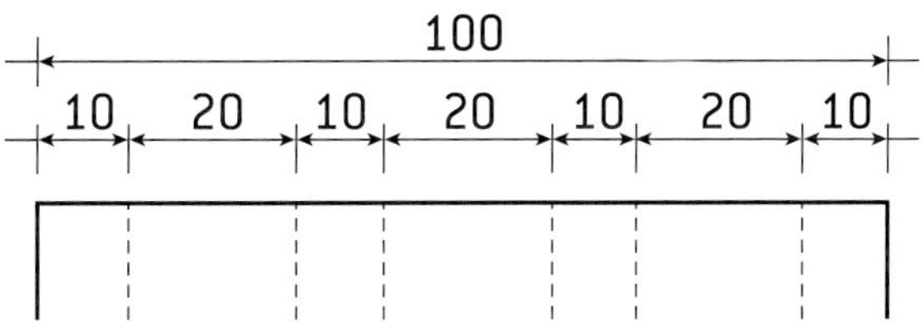

Figura 1.116.

Después de dejar bien marcadas cada una de las líneas es momento de ponerse los EPI y la pantalla. Regulamos el equipo y vamos a realizar los cordones rectos con una novedad: parar en cada uno de ellos para practicar un empalme. Trabajarlos es fundamental, ya que en los empalmes es más probable que se den defectos como poros o falta de fusión. Otra buena razón para empezar a practicarlos es que en las pruebas de certificación de soldadores es obligatorio parar y realizar un empalme en cada uno de los cordones de la probeta.

¿Cómo soldar con la pistola orientada hacia atrás? Prueba a situar la cabeza encima de la pistola o en un lateral, lo que te sea más fácil y donde mejor veas el hilo. Según se desplace la pistola acompaña su avance con la cabeza para mantener buena visión del alambre y la distancia de hilo libre.

¿Cómo se empalma? La técnica es muy parecida a la que se utiliza con electrodo revestido ya que se trata de aprovechar la "rampa" que queda al final de cada cordón que, si es necesario, se puede esmerilar para hacer algo más larga.

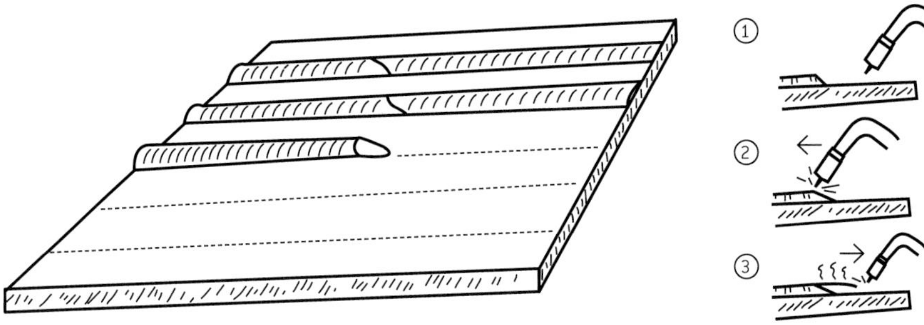

Figura 1.117.

Pararemos la ejecución de los cordones rectos en la zona central de la pieza frenando y retrocediendo unos milímetros antes de cortar el arco para favorecer la formación de la rampa. Después posicionaremos la pistola un centímetro por delante de dicha rampa, abrimos arco y retrocedemos hasta alcanzar el punto más alto de esta (véase Fig. 1.117) una vez ahí nos detenemos y cambiamos el sentido de avance y terminamos el cordón progresando a velocidad constante. El truco está en no precipitarse y dar tiempo al alambre a calentar el final de cordón y refundirlo con el nuevo material de aporte.

¿Cómo ha quedado? Si la zona del empalme queda abultada es posible que los estemos realizando demasiado despacio, o que la corriente no sea la necesaria para fundir bien la zona, o bien que en lugar de parar justo en el punto más alto de la rampa dejemos sin querer que el hilo suba por encima del cordón a empalmar.

Por el contrario, si queda una parte de la rampa sin cubrir puede ser por realizarlos demasiado deprisa o por no haber alcanzado la zona más alta de la rampa con el alambre. Puedes parar más de una vez en cada cordón para practicarlos, la recomendación es que aproveches cualquier ocasión que tengas en esta y las siguientes prácticas hasta llegar a dominar la tarea de empalmar cordones.

La razón de abrir arco un par de centímetros por delante es dar algo de tiempo para que el alambre se caliente con el fin de asegurar la fusión del empalme. En los equipos sinérgicos existen algunas funciones para ayudarnos en estas situaciones, por ejemplo:

1. *Hot start*. Durante uno o varios segundos, que hay que hacer coincidir con el momento del empalme, la máquina sube la tensión para asegurar la fusión de este.

2. Alimentación del hilo más lenta. Es otra opción, en lugar de variar la tensión alimenta el hilo más despacio para ayudar a prevenir empalmes abultados (inspección los rechaza si superan una altura que se considere excesiva según el servicio de esa soldadura).

Una vez acabados los cordones rectos vamos a cubrir los espacios entre cordones (lo llamamos peinado). Se trata de ir dando un movimiento lateral a la pistola siguiendo un patrón. En los siguientes dibujos tienes algunas ideas:

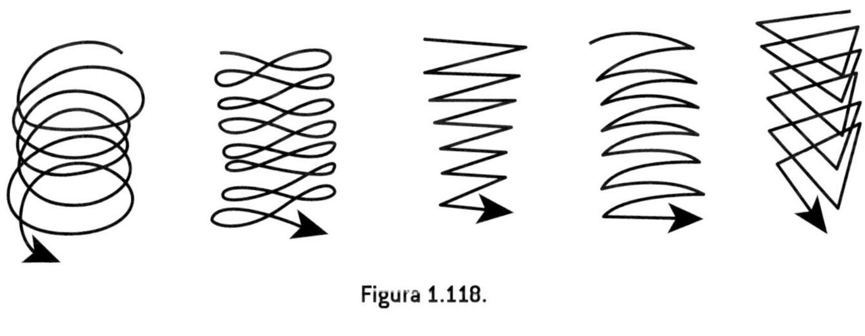

Figura 1.118.

Los más complicados se realizan sin variar la velocidad (circular, triangular y trenzado). En los más sencillos (media luna y zigzag) debemos detener el movimiento en los lados del cordón y contar hasta dos o tres mentalmente (1, 2, 3, cambio de lado y pausa. 1, 2, 3, cambio de lado y pausa). Esto tiene su explicación: con los movimientos laterales de peinado vamos dando pasadas similares a pinceladas, así que cada pasada debe solaparse (subirse un poco sobre la anterior) para que todo quede bien recargado y no queden huecos. Para que, además, el cordón quede como una superficie plana usaremos el truco anterior de contar hasta tres con el fin de pasar el mayor tiempo en los laterales y lo menos posible en el medio, ya que el material que depositamos en los lados recarga estos y lo que sobra se va solo al medio del cordón. El material de aportación que cae en el medio se queda solo ahí, si el cordón queda más abultado en el centro que en los lados puede que necesitemos ir más rápido en el medio.

En los cordones de peinado también podemos practicar los empalmes. La técnica es parecida, arrancamos un par de centímetros por delante de la rampa final de cordón y, cuando el arco ilumine la zona, retrocedemos lentamente entrando por un lateral de la rampa. Atento: tienes que llevar el hilo por la línea que marca el inicio de la rampa en su parte más alta. Si entras por la derecha deberás pasearlo hasta salir por la izquierda, a partir de ahí retoma el movimiento de peinado que hayas elegido.

Una última recomendación: vigila la temperatura de la pieza y baja la corriente y el hilo si es necesario para evitar que se perfore.

Figura 1.119. *Gentileza de* ***Rafael Abad.***

PRÁCTICA 2. Ejercicio de punteado.

Material base. Pletina de acero al carbono 100 x 100 x 3 mm.

Diámetro hilo y designación. 0,8 mm. ER 70S-3 (AWS A5.18-05) G 46 3 M 2Mo (EN ISO 14341-A:2008).

N.º de puntos. 25.

Corriente de soldeo. 16 a 18 voltios.

Velocidad de alimentación del hilo. 3 a 6 metros/minuto.

Caudal de gas. 8-12 litros/minuto de argón/CO2 (85/15 %).

Modo de transferencia. Cortocircuito.

Longitud de hilo libre: **5-10 mm.**

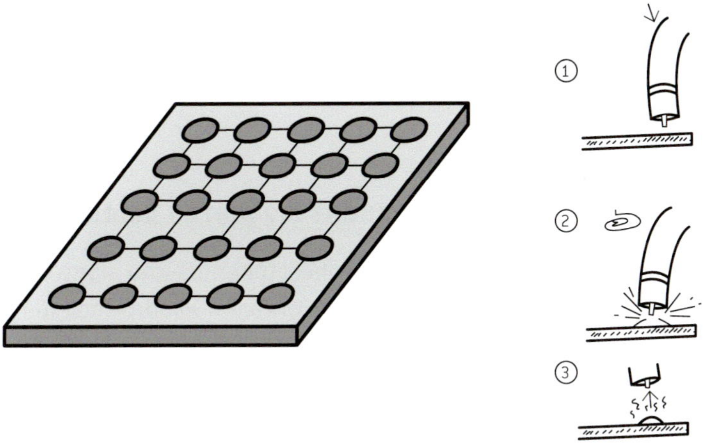

Figura 1.120.

Es buen momento para practicar algo muy importante: el punteado. Conseguir fijar las piezas antes de unirlas con puntos sanos que resistan las tensiones que causa la soldadura es fundamental, la base de todo lo que vamos a ver a continuación.

Un buen punto tiene poca altura, es ancho, plano, sin cráteres y debe penetrar. Para practicarlos vamos a marcar con la punta de trazar unas líneas como las del dibujo y en cada una de las intersecciones de las líneas ejecutaremos un punto.

Figura 1.121.

La técnica es sencilla, dibujar una espiral de fuera a dentro: una vuelta, otra vuelta de menos diámetro dentro de la primera y al llegar al centro paramos y levantamos el dedo del gatillo. Para que no se forme un cráter muchos equipos, incluso los más sencillos, tienen una función [*burnback*] que permite que la alimentación del alambre se detenga poco a poco, no de golpe, y aporte de más a menos.

1.15. Operaciones comunes a todas las piezas biseladas

1.º **Biselado.** Esta operación es muy sencilla si tenemos una sierra de cinta con giro lateral, ya que a la vez que corta va a preparar el borde con los grados.

¿Qué necesidad hay de preparar el borde de estas piezas? Como ya sabemos, es necesario preparar el borde cuando:

1. Se necesita penetración completa de la soldadura.
2. Se quiere soldar la pieza aportando la menor cantidad de calor posible.
3. El material tiene un espesor concreto dentro de los que se recomienda achaflanar [en acero a partir de 3-4 mm].
4. Hace más fácil ejecutar la unión según la posición en la que se encuentre la pieza.

Para poder realizarlo necesitamos alguna de las siguientes herramientas:

Sierras de cinta. Cuando los perfiles a cortar son pletinas, las sierras resultan muy prácticas para dar el corte y bisel a la vez, ya que normalmente pueden girar la hoja hasta 45º. En el cuerpo de la sierra hay una regla que sirve como transportador de ángulos para determinar con que inclinación se quiere cortar. Se debe de ajustar muy bien la velocidad de bajada para que el corte no salga torcido: Si bajamos demasiado rápido la presión tensará más la hoja torciéndola.

Figura 1.122.

Figura 1.123.

En el caso de que las medidas del material sean incompatibles con la sierra o que simplemente la pieza no se pueda mover, es necesario llevar allí las herramientas de biselado.

Si no tenemos una sierra hay que cortar primero con radial, plasma, oxicorte, etc. (el recurso que tengamos) y luego después hay que repasar el borde con un disco de desbaste. Esto, que es más lento y laborioso, conviene hacerlo alguna vez para valorar el tiempo que ahorra la sierra y acordarnos de ello cuando se nos pase por la cabeza seleccionar la velocidad rápida (algo que estropeará antes los dientes de la cinta porque está más bien pensada para materiales blandos como el aluminio) o hacer presión sobre la cinta para que corte antes (con lo que muchos dientes se romperán por el camino).

Una hoja de sierra no es algo barato y para que funcione hay que dejarla trabajar y mantenerla debidamente (taladrina del tipo y mezcla correcto y en cantidad suficiente, tensión de la hoja adecuada, velocidad de corte razonable, etc.).

En la sierra seleccionaremos la velocidad lenta (40-45 m/min) a no ser que la hoja permita lo contrario. Para aceros al carbono de baja aleación algunos fabricantes de hojas sierra las diseñan usar la velocidad rápida (80-90 m/min). Comprobaremos que las llaves de paso de la taladrina estén abiertas de modo que al apretar el gatillo y la sierra empiece a avanzar fluya sobre ella el refrigerante.

Velocidad de avance	Materiales
40-45 metros/minuto	Aceros para herramientas, de media o alta aleación, bronce y latones duros.
80-90 metros/minuto	Aceros al carbono de baja aleación, aluminio, latones blandos y plásticos

Figura 1.124.

¡Muy importante!:

1. Al bajar, ir muy despacio hasta que la sierra toque la pletina. Si se hace deprisa podemos arrancar varios dientes. A partir de ahí ya ha empezado el corte e iremos bajando sin apretar (si es manual) o seleccionaremos una velocidad de bajada lenta para que le dé tiempo a la sierra a arrancar la viruta sin dañarse (en semiautomáticas).

2. Desde que empieza el corte hay que permanecer fuera del alcance de la sierra. Si es necesario se para soltando el gatillo o con la "seta" de parada de emergencia.

3. Los dientes de sierra deben apuntar en el sentido de avance. Si es necesario cambiar la hoja se debe hacer con la máquina desenchufada. Para ello se quita la tapa de protección y se afloja poco a poco la tensión de la hoja para poder retirarla. Las hojas nuevas suelen venir en una caja dando dos vueltas sobre sí mismas y sujetas por un alambre. Para liberarlas quitamos con cuidado el alambre y la tiramos al suelo a una zona donde al desplegarse no suponga peligro para nadie. Retiramos la hoja gastada y ponemos la nueva sin retirar la protección de plástico de los dientes hasta que esté montada entre los dos ejes y demos un poco de presión para que no se caiga. Para llevarla a su sitio evitaremos hacerlo con la mano y podemos usar un mazo o trozo de madera para encajar la hoja hasta el tope del eje.

Por último se quita la protección de plástico y se monta la tapa.

El corte con sierra de cinta no sería posible sin la ayuda del fluido que conocemos como taladrina. Se trata de una base de aceite mineral (el más utilizado) vegetal o sintético que puede llevar aditivos antioxidantes, inhibidores de corrosión, antiespumantes, etc., que se preparan en disolución acuosa entre el 2 y 5 %, según indique el fabricante. Para entenderlo rápidamente, por cada 100 ml de fluido, entre 2 y 5 ml serán taladrina pura y el resto agua. En algunos casos de trabajos extremos el porcentaje de taladrina en la mezcla puede llegar hasta un 30 %.

Las funciones de los fluidos de corte son:

- Lubricar. Reduce la fricción entre la pieza y la herramienta.
- Refrigerar. Elimina el exceso de calor que se produce al mecanizar.
- Eliminar la viruta. Debe ayudar a retirar la viruta de la zona de mecanizado.
- Proteger de la corrosión. El agua podría oxidar la pieza por lo que llevan aditivos inhibidores de la corrosión.

Las taladrinas, a menudo, se distinguen por el color: la taladrina blanca, además, se usa para mecanizado en general, torneado, fresado, corte, etc., y la taladrina verde para sierras, rectificado y afilado de herramientas. Otras son incoloras para no manchar o teñir materiales como el inoxidable o el aluminio.

Con el uso las taladrinas van perdiendo sus propiedades. Hay que cambiarlas y se convierten en un residuo peligroso que debe ser recogido por una empresa autorizada:

- Si huele mal. Es un caldo de cultivo para microorganismos que pueden contaminarla. Se debe medir su concentración con un refractómetro y eliminarla en caso necesario.

Figura 1.125. *Refractómetro. Autor: Fernando G. (FGM) Trabajo propio. Licencia Creative Commons Attribution Share Alike 3.0.*

- Si oxida las piezas. Puede ocurrir por bajar la concentración de la taladrina. Hay que medir concentración y controlar que el pH sea el indicado por el fabricante.
- Si forma espuma. El nivel de fluido puede haber bajado por debajo del mínimo y eso hace que aumente la temperatura en la zona de corte formando espuma.
- Si sale vapor del corte. Puede ocurrir lo mismo que si forma espuma o una mala elección del fluido para la tarea a realizar.

Otras herramientas que se pueden utilizar para biselar:

Plasma, arco aire y oxicorte. Son sistemas de corte térmico que sirven también para resolver el problema de tener que biselar en el sitio, incluso en distintas posiciones.

Para una mejor calidad del corte es necesario utilizar útiles y reglas de apoyo que permiten dar los grados dejando un acabado liso. El arco aire es un instrumento muy útil para los chaflanes en forma de "U".

Figura 1.126. *Gentileza de **Víctor Nieto Galán.***

Radiales y achaflanadoras portátiles. Son la alternativa a los sistemas de corte térmico. Si la pieza no se puede mover y se quiere evitar dar calor por alguna razón, estas mecanizan el borde a base de pulirlo con un disco de desbaste o, si se dispone de ella, hay achaflanadoras que cortan a cuchilla el ángulo que se necesite preparar.

Una vez cortadas y biseladas las piezas, hay más trabajo que hacer antes de soldar:

2. **Talón.** Una vez cortada tenemos que darle un pequeño rebaje al borde. El "talón" va a contener el material de fusión para que pase al otro lado de un modo ordenado. Si está bien diseñado nos ayudará en nuestra tarea.

   Una vez cortadas las piezas se ponen en el tornillo de banco y con un disco de repasar dejaremos el talón listo en un minuto.

   Su valor aconsejado debe estar entre 1 y 2 mm. Debemos usar un calibre para comprobar que tiene esa medida en toda su longitud. ¡Cuidado! Asegúrate de que no tiene rebaba (un pequeño filo que puede quedar del corte). Obsérvalo y, si es así, elimínalo con una lima porque va a falsear la medida del talón.

3. **Entrehierro.** Ahora que ya tenemos las piezas cortadas y listas hay que puntearlas a una distancia que llamamos "entrehierro". Esta separación tiene la

misma función que el talón: facilitar la fusión de los bordes pero ofreciendo cierta resistencia que nos haga sencilla nuestra misión.

¿Cuánto debe medir? La verdad es que depende directamente del valor de talón. Como referencia le dejaremos 2,5 mm de separación mínima/ 3,25 de máxima. También, como ya vimos, se pueden combinar: 2,5 en el inicio y 3,25 al final para anticiparnos a las más que posibles deformaciones por efecto de las dilataciones y contracciones. Lo importante es probarlo y luego cada uno se quedará con la que mejor le funcione.

Dejar de separación la misma medida de las varillas del electrodo no es casualidad. Se introducen al principio y al final mientras se puntea para conseguir exactamente esa separación.

4. **Punteado.** Debemos fijar las piezas para que las deformaciones nos afecten lo menos posible a la soldadura.

   Para ello, al menos, debemos poner una chatarra al inicio y otra al final. Si las piezas miden más de 100 mm de longitud también es necesario ponerle unos puentes (chatarras con un pequeño rebaje o "arco" para ponerlas por la parte trasera sin que se fusionen al cordón de raíz o impidan el paso a este), mínimo dos para que se sostenga la probeta.

Figura 1.127. *Ejemplo de punteado con puentes en un examen de homologación.*

Para embridar las piezas a con las chatarras deben estar como en la imagen, con la cara trasera a la vista. Ayuda a controlar que queden a la misma altura. Los puntos, como ya sabemos, deben de ser muy fuertes (es necesario que penetren) y solo por un lado de la chatarra para quitarlos fácilmente al final (dando un golpe con un martillo por el lado no punteado)

La misión de estos útiles es:

- Evitar que la deformación cierre la separación entre piezas sujetándolas.
- Nos permiten arrancar y terminar los cordones sobre ellos evitando que algunos defectos típicos del soldeo con electrodos queden en la unión.

Como recomendación para la soldadura del acero al carbono, en preparaciones con bisel donde sea muy importante que se mantenga la medida del entrehierro, se debe poner uno al menos cada 100 mm. Salvo el que vaya al principio y al final, al resto se le prepara un rebaje para dejar libre la zona donde debe aparecer el cordón de penetración.

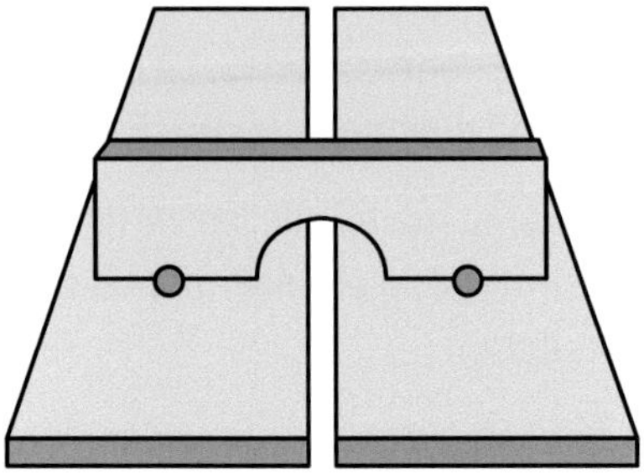

Figura 1.128. *Puente.*

El ejemplo más claro y práctico donde se puede emplear esto es en un examen de homologación de soldadores. Los ejercicios prácticos que hay que realizar ante el inspector tienen una longitud mínima de 200 en el caso de chapas planas. Antes del examen se preparan los útiles y se dejan hasta que la probeta se haya enfriado.

Como ya se ha dicho, las placas que se usen como útiles debemos puntearlas por una sola cara para que quitarlas sea fácil y rápido. Si la sujetamos con el tornillo de banco por el lado contrario a los puntos y golpeamos la placa con el martillo, estos se quebrarán fácilmente con poco esfuerzo. De otro modo tendremos que utilizar una radial.

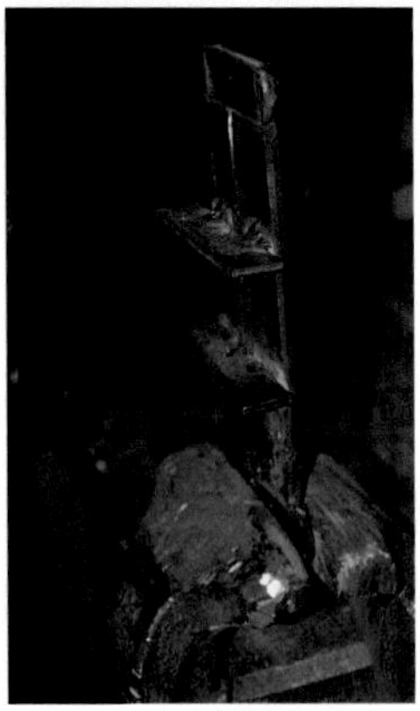

Figura 1.129.

Si ya lo tenemos todo listo podemos empezar. Estas operaciones son comunes a todos los ejercicios con preparación de bordes.

RECOMENDACIONES PARA UNA BUENA SELECCIÓN DEL DENTADO

DENTADOS ADECUADOS PARA TUBERÍAS Y PERFILES

DIMENSIÓN "a"

ESPESOR "s"	20	40	60	80	100	120	150	200	300	400	500
2	14	10/14	10/14	10/14	10/14	8/12	8/12	8/12	8/12	8/12	8/12
3				8/12	8/12				6/10		
4	10/14		8/12			6/10	6/10	6/10		6/10	6/10
5					6/10				4/6	4/6	4/6
6	8/12	8/12		6/10		5/8					
7							5/8	4/6			
8			6/10								
9				5/8	5/8	4/6	4/6				
10	-										3/4
12	-	6/10		4/6	4/6				3/4	3/4	
14	-							3/4			
16	-		4/6								
20	-					3/4	3/4				
25	-	-			3/4						
30	-	-	-								2/3
50	-	-	-	-	-		2/3	2/3	2/3	2/3	

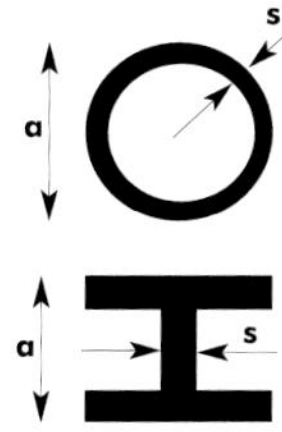

DENTADOS ADECUADOS PARA SÓLIDOS Y MACIZOS

a	Dentado Variable	Dentado Regular
Menos de 10 mm.	10/14	14R
de 10 mm a 20 mm.	8/12	10R
de 20 mm a 40 mm.	6/10	8R
de 40 mm a 70 mm.	4/6	6R
de 70 mm a 140 mm.	3/4	4R
de 140 mm a 200 mm.	3/4	3R
de 200 mm a 400 mm.	2/3	2R
más de 400 mm.	1/2	1,25R

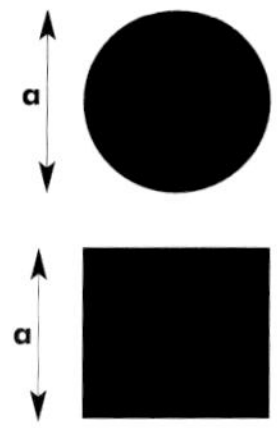

VELOCIDADES DE CORTE PARA SECCIONES DE 75 A 150 mm.

Materiales	Referencia H.I.A.	Equivale A.I.S.A.-S.A.E.	Vel. aprox. "Cinta" M.P.M.	Materiales	Referencia H.I.A.	Equivale A.I.S.A.-S.A.E.	Vel. aprox. "Cinta" M.P.M.
Aceros al carbono	F-111, F-112	1015-1025	95	Indeformable	F-521	D-2, D-3	33
	F-113	1035	65		F-522	0-1	58
	F-114, F-115	1045-1055	60		-	D-7	25
	F-512, F-516	W-1	55	De choque	F-524	S-1	58
Aleados gran resistencia	F-123	3435	60		F-525	-	60
	F-125	4135	70		-	S-2, S-5	40
	F-127, F-128	4340	65	Trabajos en caliente	F-524	H-20	60
	F-131, F-523	L-3	50		F-527	-	55
Para muelles	F-143	6150	60		F-528	L-S	55
	F-144	9225	60		F-537	H-13	58
De Cementación	F-151	1010	90	De corte	F-531	F-3	40
	F-153	3310	55		F-532	F-1	50
	F-154	3415	58	Rápidos	F-550-A	M-2	40
	F-155	-	62		F-550-C	M-35	20
Inoxidables	F-311, F-312	410-420	40		F-552	T-1	35
	-	430	26		F-533	T-4	30
	F-313	431	32		F-554	T-5	30
	F-314	301-304	30				
	F-321, F-322	343	32	Aleación base-níquel		Monel	22
	-	316	22			Inconel	20
	-	446	18			Hastelloy	20
						Titanium	20

Incrementar velocidad: 10-20% para secciones menores de 75 mm.
Reducir velocidad: 10-20% para secciones mayores de 150 mm.

FORMAS DE SUJECIÓN DE LA PIEZA

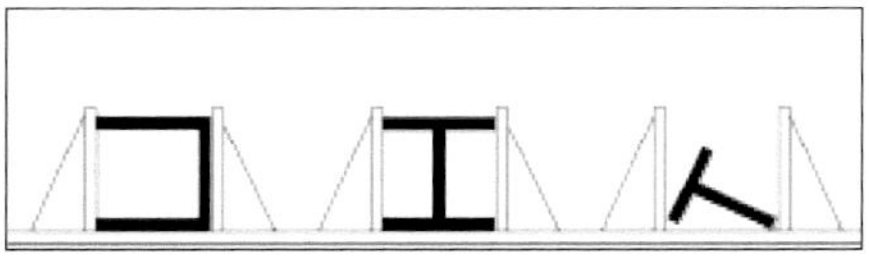

DENTADO VARIABLE	DENTADO REGULAR
• Aceros • Aceros Inoxidables • Bronce	• Latón • Aluminio • Cobre • Madera

Figura 1.130. *Gentileza de **BLUE MASTER.***

PRÁCTICA 3. Soldadura de pletinas a tope con preparación de bordes den V, posición horizontal. PA(1G).

Material base. 2 piezas de acero al carbono 200 x 40 x 8 mm.

Diámetro hilo y designación. 1,0 mm. ER 70S-3 (AWS A5.18-05) G 46 3 M 2Mo (EN ISO 14341-A:2008).

N.º de cordones. N.º 1, 2 y 3 con movimiento recto. El n.º 4 con movimiento lateral. La pistola hacia delante o detrás.

Corriente de soldeo/velocidad de alimentación del hilo.

- De 16 a 18 V en raíz y de 3 a 5 m/min.
- De 18 a 22 V en cordones de relleno y de 4 a 9 m/min.
- De 18 a 22 V en cordón de cierre y de 4 a 9 m/min.

Caudal de gas. 8-12 litros/minuto de argón/CO2 (85/15 %).

Modo de transferencia. Cortocircuito, spray o arco pulsado.

Longitud de hilo libre: 5-10 mm para cortocircuito, 15-20 para spray o pulsado .

Biselado. 35º en V.

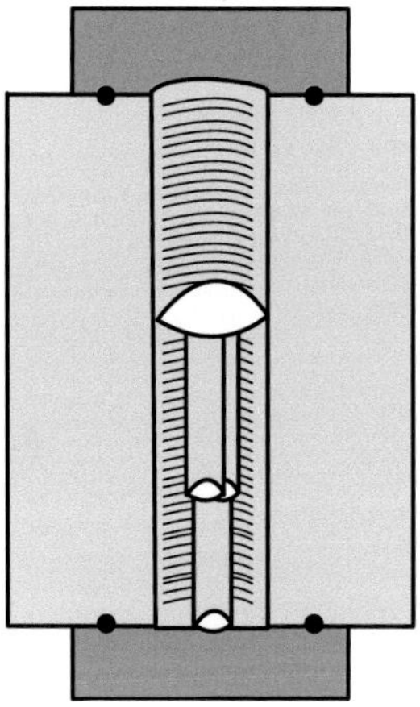

Figura 1.131.

El siguiente ejercicio es el primero de una serie en la que vamos a soldar piezas con los bordes preparados en formato similar al que se pide en los exámenes de homologación de soldadores. Estas pruebas sirven para certificar que la habilidad y conocimientos de estos es suficiente para realizar soldaduras en producción.

Una vez cortadas, achaflanadas, limpias y punteadas las probetas a unas placas auxiliares podemos empezar a trabajar siguiendo las operaciones comunes a todas las piezas biseladas, que hemos visto en el apartado anterior.

Cordón n.º 1: antes de empezar hemos de elegir con sumo cuidado el lugar desde el que se vea el avance de la pistola. Por ejemplo, vamos a realizar el primer intento con la pistola orientada hacia atrás; nuestra cabeza debe estar situada en la esquina final izquierda de la pieza.

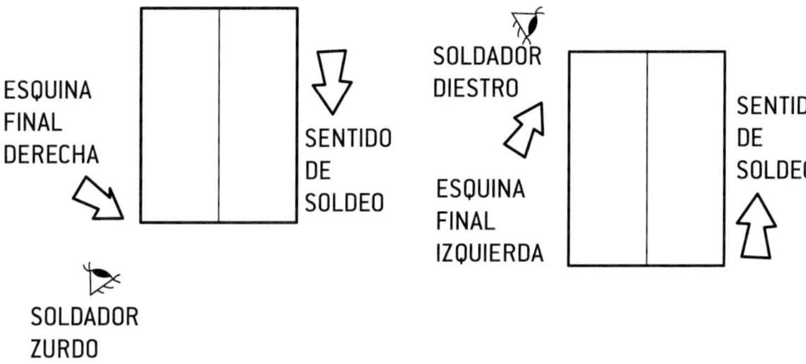

Figura 1.132.

Desde aquí deberíamos poder ver, sin perder detalle de la inclinación, la distancia de hilo libre y, por supuesto, la unión.

¿Empezamos? Arranca sobre la placa auxiliar y lentamente baja la pistola hasta la separación entre piezas o entrehierro. Avanza unos centímetros. ¿Se ha formado el ojo de cerradura? La formación de este *keyhole* (el término inglés del que viene su nombre) es imprescindible para conseguir que por el otro lado desaparezca el talón y el entrehierro y lo sustituya un fino cordón sin que se aprecie el resto de la junta.

<u>¿Qué es el *keyhole* y para qué sirve?</u> Según el arco va calentando los bordes de la pieza se va abriendo un pequeño agujero justo por delante del material. Dicho agujero es el testigo de que se está produciendo, sin duda ninguna, la penetración de la soldadura de lado a lado de la unión. <u>El tamaño del ojo de cerradura te indica el tamaño del cordón de penetración que se está formando por la cara de atrás.</u>

- Si hemos acertado con la corriente, debería haber aparecido por delante del cordón un pequeño agujero y mantenerse de este tamaño a lo largo de toda la soldadura. Esto significa que hemos acertado con la combinación voltaje + velocidad de hilo + espesor de talón + separación o entrehierro.

Figura 1.133.

- Si este no ha aparecido después de soldar 2 o 3 centímetros de la raíz, ¡detente! Esto significa que la corriente no es lo suficientemente elevada como para fundir el talón. Con una radial y un disco de corte de entre 1,5 y 2 mm hay que eliminar el cordón y dejar otra vez sin material la raíz. Se debe aumentar la tensión, para lo que debemos buscar el punto de equilibrio entre la tensión y la velocidad de hilo sobre una chatarra, tal y como hemos aprendido, y volver a intentarlo de nuevo.
- Si el *keyhole* ha aparecido inmediatamente, pero se hizo demasiado grande, hay que probar algo antes de detenernos, y es mover ligeramente la pistola de delante hacia atrás o darle un balanceo lateral subiendo y bajando por los bordes del bisel. Está claro que hemos elegido una corriente demasiado elevada, pero puede que, para controlar el tamaño del ojo de cerradura, usar alguno de estos dos movimientos permita mantener a raya el tamaño del ojo de cerradura a base de alejar y acercar el hilo del *keyhole* con cuidado de mantener el arco corto. Si aun así el ojo de cerradura es imposible de controlar hay que parar, disminuir la tensión o la velocidad de hilo y volver a intentarlo.

Figura 1.134.

Una vez conseguido el ojo de cerradura y una combinación de corriente y velocidad de hilo que permitan su formación a un ritmo al que podamos controlar su tamaño (como referencia, si el entrehierro es de 2,5 mm, el diámetro del *keyhole* conviene que sea menor de 5 mm) es probable que soldemos la raíz sin mayor problema con un movimiento recto de principio al final o puede que más adelante deje de funcionar. ¿Cómo mantenerlo del mismo tamaño? Vamos a explicar, diferenciando la pieza por zonas, lo que suele ocurrir en cada una de ellas:

- Los primeros 50 mm. Aquí la pieza está fría y eso supone que debemos arrancar con una intensidad suficiente para que, nada más empezar, se abra el ojo de cerradura. Como hemos visto, pueden ocurrir tres cosas:

  a. Que el ojo de cerradura no se abra.

  b. Que inmediatamente se abra demasiado.

  c. Que se abra y podamos controlar su tamaño.

- Entre 50 y 150 mm (el medio de la pieza). Llegando a esta parte y, especialmente si no hemos puesto los puentes por detrás, la pieza ya se va calentando. Podemos notar que se dilata y el entrehierro se cierra un poco (incluso con los puentes puestos). ¿En qué se aprecia? El ojo de cerradura ya no se abre tan claramente, puesto que al hacerse más pequeño el entrehierro la pieza ofrece mayor resistencia al calor. Esto supone que si, desde el principio, notamos que cuesta que aparezca un *keyhole* con claridad cuando lleguemos al medio de la probeta probablemente dejará de formarse y no habrá penetración completa.

  La recomendación entonces es empezar siempre con un poco más de corriente pero que nos permita tener a raya al ojo de cerradura con un suave movimiento de balanceo de la pistola y, al primer síntoma de que la pieza se ha dilatado y no se abre con tanta alegría, dejaremos de moverla para ir recto y concentrar el arco en calentar los bordes del bisel. Esto debería ser suficiente para mantener la penetración también en el medio.

- De los 150 a los 200 mm. Superada la, a veces, problemática zona del medio vamos llegando al final. La temperatura de la probeta sigue aumentando y, además, nos acercamos a la chatarra del final que debe estar unida a las piezas con unos puntos muy fuertes que impiden que se cierre el entrehierro. El calor se acumula en la parte final porque más allá de la pieza solo hay aire que actúa como aislante. El resultado es que el ojo de cerradura se vuelve a abrir con tanta facilidad como al principio o más. Hay que tener especial cuidado en esta zona para que no se estropee una pieza bien soldada perforándose en su último tramo. ¿Qué hacemos entonces? Vuelta al balanceo de la pistola sin perder de vista el tamaño del ojo de cerradura. A mayor *keyhole* más subimos el hilo por los lados del bisel alejándolo de este. Así se ha de llegar al final sin precipitarse, dando tiempo a que el cordón, como siempre, tenga la misma anchura en toda su longitud. Para salir, una vez se acaba la pieza, hay que subir por uno de los biseles manteniendo la distancia del arco constante hasta la chatarra final y ahí cortarlo. Hemos terminado.

Damos la vuelta a la pieza y observamos el cordón de penetración. Lo importante ahora no es que esté perfecto, y ni siquiera que tenga el mismo aspecto en toda su longitud. Lo esencial es entender qué función tiene cada parte, que cada vez que cambiemos algún parámetro (espesor, dimensiones, material, etc.) habrá que volver a buscar la combinación talón + entrehierro + corriente + velocidad de hilo porque gracias a eso lograrás pronto dominarlo, tendrás tu propia opinión sobre el valor de los parámetros y hasta tu propio remedio para controlar el ojo de cerradura en todo momento.

Una última cuestión: el empalme. En un examen de homologación el inspector nos pedirá que paremos en medio de la unión para realizar un empalme y demostrar que sabemos cómo se hacen. Empalmar siempre es una tarea problemática en la que pueden quedar faltas de fusión. Para evitarlo debemos aprender una sencilla técnica:

Soldar sobre el final del cordón no asegura su fusión con el siguiente tramo.

¿Qué hacer entonces? Con el filo de un disco de repasar y mucho tacto, debemos eliminar dentro del chaflán los dos últimos centímetros del cordón de raíz. Dejaremos los lados biselados como estaban y del cordón solo conservaremos la parte que queda entre los talones.

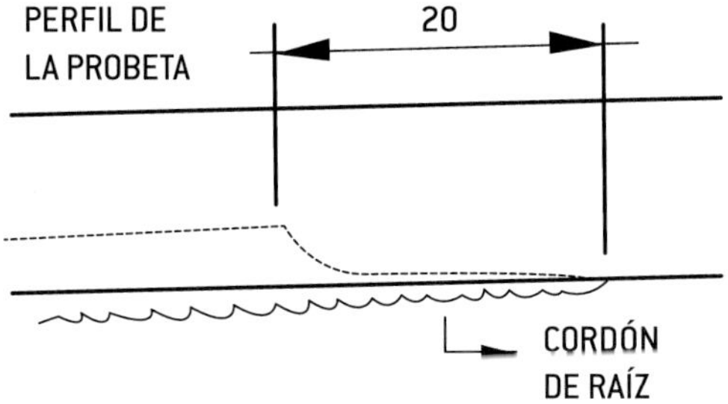

Figura 1.135.

¿Qué conseguimos con esto? Facilitar la fusión en el empalme. Arrancamos por delante de esta preparación, llevamos el hilo despacio hasta la parte más alta de la rampa y ahí cambiamos de sentido. Ahora el arco va calentando la finísima penetración que ha quedado después de repasar y, antes de llegar al final de la rampa, esta se romperá apareciendo el *keyhole*, lo que significa que se ha fusionado el nuevo tramo con el anterior. Al darle la vuelta apenas se apreciará donde está el empalme.

Figura 1.136. *Imagen gentileza de* ***Juan Guarasa.***

Cordones n.º 2 y 3.

Antes de empezar, debemos cepillar bien el cordón nº 1 y subir un poco la corriente y velocidad de hilo (como referencia tienes los parámetros del encabezamiento de la práctica). Se trata de dar dos cordones rectos, uno al lado del otro con la pistola hacia delante, que se refundan bien entre sí y con la raíz, pero sin perforar esta última. Si el equipo tiene control sobre la altura de arco o campana es recomendable aumentarla para que la zona en la que se reparta la energía sea mayor disminuyendo así la penetración. Conseguiremos de esta forma un cordón más ancho y plano.

Cordón n.º 4.

Para terminar la soldadura vamos a dar una última capa con movimiento lateral.

es útil si lo entendemos como una forma de estimar cuantas capas vamos a necesitar desde el cordón de raíz y hasta el de cierre.

¿Por qué deben tener ese espesor aproximado? Esto se debe a que aportar más material en cada capa aumenta el riesgo de que aparezcan poros e inclusiones de gas de protección. La ZAC se hace mayor porque pasamos más tiempo en cada punto del cordón. En general las capas más finas suelen dar menos problemas, sobre todo si se van solapando rápidamente y la temperatura de la pieza se mantiene más o menos constante entre ellas.

Por dar una referencia, la práctica se explica para seis cordones distribuidos en tres capas.

Para la ejecución de los cordones debemos seguir el orden marcado (el n.º 2 debajo apuntando a la línea inferior del cordón n.º 1; el n.º 3 encima de este, apuntando con el electrodo a la línea superior del cordón n.º 1) con la pistola hacia delante.

Una recomendación:

Si la cara vista del cordón raíz no está completamente lisa podemos rebajarla con el disco de repasar. Eso ayuda a que el n.º 2 y el 3 también queden planos.

Cordones 4, 5 y 6.

En el cordón n.º 4 el material debe rellenar el chaflán hasta la línea que marca su fin, lo cual puede exigir que vayamos rápido porque seguramente ha quedado poco espacio para este cordón. Si avanzas en cuento esté cubierta la línea inferior, quedará un cordón liso y plano sin llegar a rebosar y descolgarse.

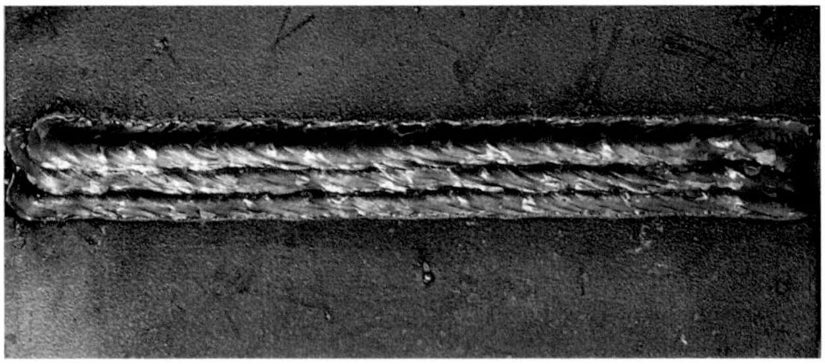

Figura 1.138. *Soldadura realizada por* ***Salvador Mato.*** *Imagen gentileza de* ***Juan Guarasa.***

Tanto el 5 como el 6 se van a apoyar sobre este de modo que repetimos la operación igual. Para el 5 la única referencia es mantener una anchura de cordón constante, para el n.º 6 tenemos que retener el avance hasta que el material cubra la línea del borde.

PRÁCTICA 5. Soldadura de pletinas a tope con preparación de bordes en V, posición vertical ascendente. PF(3G).

Material base. 2 piezas de acero al carbono 200 x 40 x 8/10 mm.

Diámetro hilo y designación. 1,0 mm. ER 70S-3 (AWS A5.18-05) G 46 3 M 2Mo (EN ISO 14341-A:2008).

N.º de cordones. 3 cordones (raíz, relleno y cierre). La pistola hacia delante o detrás (recomendado para la raíz).

Corriente de soldeo/velocidad de alimentación del hilo.

- De 16 a 18 V en raíz y de 3 a 5 m/min.
- De 18 a 21 V en los cordones siguientes y de 4 a 9 m/min.

Caudal de gas. 8-12 litros/minuto de argón/CO2 (85/15 %).

Modo de transferencia. Cortocircuito o arco pulsado.

Longitud de hilo libre: 5-10 mm para cortocircuito, 15-20 para spray o pulsado.

Biselado. A 35º en "V".

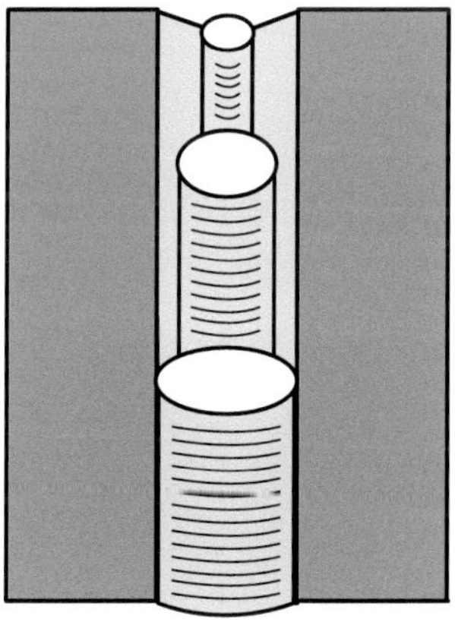

Figura 1.139.

Cordón n.º 1.

Ascender con la pistola orientada en el sentido del avance realizando la raíz puede ser problemático ya que el hilo podría introducirse por el entrehierro. Esto hace que momentáneamente el arco se corte; el baño se enfríe y la fusión se reduzca, además de que sobresaldrán trozos de alambre del cordón de penetración.

Para evitar estos problemas tenemos dos opciones:

- Soldar la raíz llevando la pistola hacia delante y realizando un pequeño movimiento lateral a esta, pero cuidando de que el hilo, a su paso por el entrehierro, no pierda el contacto con el cordón que lo va cerrando.
- Soldar con la pistola hacia detrás, como hemos hecho hasta ahora en los dos ejercicios anteriores, algo que hace más difícil que el alambre se cuele por el entrehierro, ya que en todo momento va en contacto con el cordón que se va formando según ascendemos.

En cualquiera de los dos casos todo pasa porque se forme el ojo de cerradura nada más empezar y que podamos controlarlo con un balanceo lateral hasta el final o hasta que deje de abrirse con tanta facilidad, momento en que reduciremos el balanceo.

Cordón n.º 2.

A continuación viene el cordón de relleno. Vamos a cubrir la raíz con un movimiento lateral y la referencia serán los lados del cordón n.º 1. La recomendación es hacer un movimiento sencillo, en U o en zigzag realizando una pequeña parada en los extremos. Tenemos que ser precisos y cuidadosos y medir bien la cantidad de material que depositamos en cada lado. El cordón debe quedar plano, como siempre; con las aguas poco marcadas y dejando espacio para el cordón de cierre.

Cordón n.º 3.

El poco espacio que queda, especialmente si el ejercicio se realiza con pletina de 8 mm, hay que recargarlo sin salirse de las líneas que marcan el fin del chaflán.

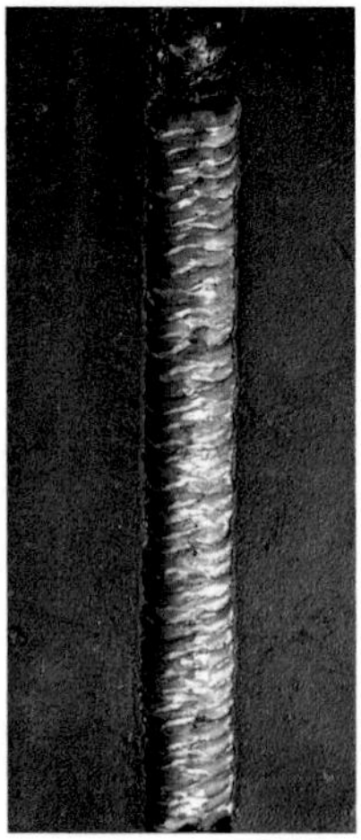

Figura 1.140. *Soldadura realizada por* ***Salvador Mato.*** *Imagen gentileza de* ***Juan Guarasa.***

Al principio puede que los cordones N.º 2 y 3 queden un poco barrigones, pero es cuestión de práctica.

La clave está en realizar el movimiento lateral a buen ritmo, con una mínima parada a los lados, para que cada una de las pinceladas sea fina. El hilo no debe salirse de las dos líneas del chaflán. Si el movimiento lateral de la pistola se realiza con la muñeca en lugar de con el brazo se consigue mucha precisión y con poca práctica se puede realizar de forma automática, girando la muñeca hacia un lado y hacia el otro.

PRÁCTICA 6. Soldadura de pletinas a tope con preparación de bordes en V, posición vertical ascendente a 45º.

Material base. 2 piezas de acero al carbono 200 x 40 x 8 mm.

Diámetro hilo y designación. 1,0 mm. ER 70S-3 (AWS A5.18-05) G 46 3 M 2Mo (EN ISO 14341-A:2008).

N.º de cordones. 3 cordones (raíz, relleno y cierre). La pistola hacia delante o detrás (recomendado para la raíz).

Corriente de soldeo/velocidad de alimentación del hilo.

- De 16 a 18 V en raíz y de 3 a 5 m/min.
- De 20 a 21 V en el resto de los cordones y de 4 a 9 m /min.

Caudal de gas. 8-12 litros/minuto de argón/CO2 (85/15 %).

Modo de transferencia. Cortocircuito o arco pulsado.

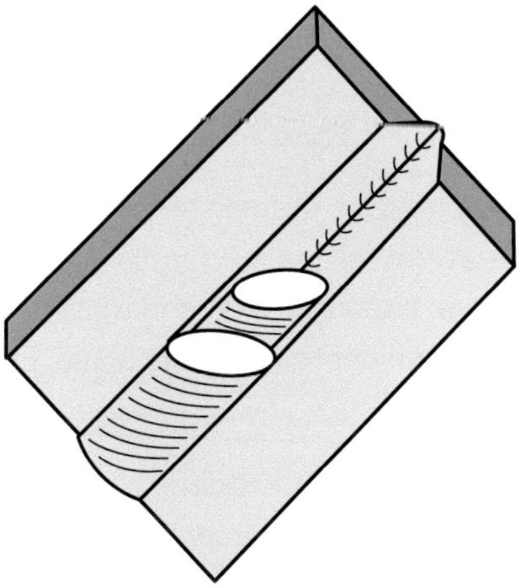

Figura 1.141.

Longitud de hilo libre: 5-10 mm para cortocircuito, 15-20 para spray o pulsado .

Biselado. A 35º en "V".

En la soldadura de tubería, en posición, 6G, hay que soldar el tubo a 45º.

Vamos a ver qué tiene de particular soldar con la probeta en esta posición (se puede inclinar tanto a derechas como a izquierdas) y como conseguir resolver de una forma sencilla sus cordones.

Cordón n.º 1.

Solo decir que quizá se puede hacer algo raro al principio subir a la vez que torcemos a derecha o a izquierda. Por lo demás, la técnica es similar a la de la práctica anterior e igual de recomendable llevar la pistola hacia atrás.

Cordones n.º 2 y 3.

Se trata de ejecutar el cordón de relleno y el de cierre en paralelo al suelo, es decir, repartir el material a un lado y a otro pero manteniendo una línea recta con respecto al mismo.

MOVIMIENTOS EN RELLENO Y PEINADO

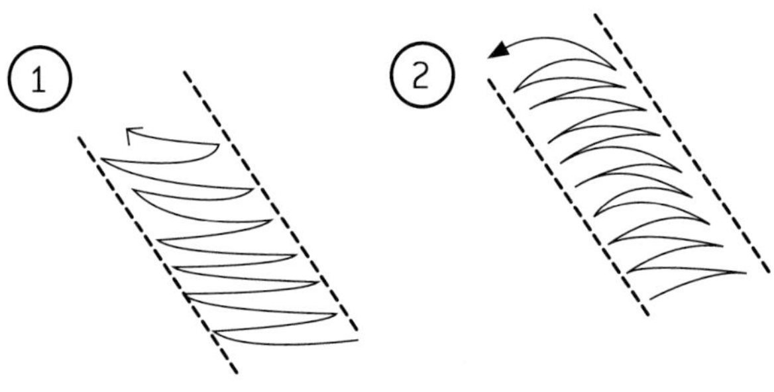

Figura 1.142.

¿La razón? Con pasadas paralelas al suelo el material de aporte se queda en su sitio. Si peináramos al natural tal cual haríamos con una pieza en ascendente crearíamos un desnivel sin nada que sujete el material fundido. Lo que pusiéramos en el punto más alto se deslizaría hacia abajo. El resultado sería falta de material arriba y exceso abajo.

Lo mejor es probarlo para poder comprenderlo mejor y sobre todo ver que efectivamente no queda otra. Superado el primer momento en que nos confundirá el cambio enseguida se le coge el truco y quedan cordones tan buenos como los anteriores.

PRÁCTICA 7. Soldadura de pletinas a tope con preparación de bordes en V, posición bajo techo. PE(4G).

Material base. 2 piezas de acero al carbono 200 x 40 x 8 mm.

Diámetro hilo y designación. 1,0 mm. ER 70S-3 (AWS A5.18-05) G 46 3 M 2Mo (EN ISO 14341-A:2008).

N.º de cordones. 3 cordones (raíz, relleno y cierre). La pistola hacia delante o detrás (recomendado para la raíz).

Corriente de soldeo/velocidad de alimentación del hilo.

- De 16 a 18 V en raíz y de 3 a 5 m/min.
- De 20 a 21 V en el resto de los cordones y de 4 a 9 m /min.

Caudal de gas. 8-15 litros/minuto de argón/CO2 (85/15 %).

Modo de transferencia. Cortocircuito o arco pulsado.

Longitud de hilo libre: 5-10 mm para cortocircuito, 15-20 para spray o pulsado.

Biselado. A 35º en "V".

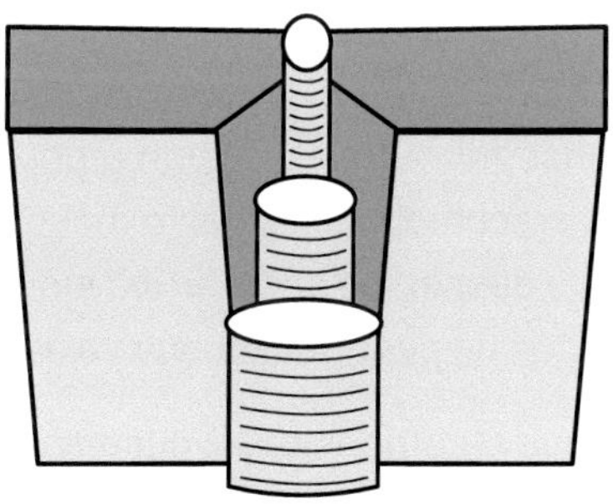

Figura 1.143.

Ahora sí podemos decir que entramos en otra dimensión.

La soldadura de placas biseladas en esta posición es algo que, siendo sinceros, se hace solo si no queda otro remedio.

Todo lo que hemos visto antes, las técnicas para sostener el material en su sitio no se pueden aplicar aquí. Tan solo mucha habilidad, buena visión y capacidad para medir la cantidad de material que se aporta en cada punto y algo de suerte también.

No se suele hacer, entre otras cuestiones, porque la calidad se ve en peligro. Hay muchas posibilidades de que algo salga mal, que es un lujo que no nos podemos permitir. En todo caso el soldador, en un momento de gracia, se prepara esta posición para el examen de homologación, ya que de aprobarlo consigue de golpe el reconocimiento para soldar en todas (salvo el vertical ascendente), pero son 200 milímetros por delante para cada cordón. Aunque es difícil cualquiera que se lo proponga puede conseguirlo: si uno no cree que puede hacerlo no merece la pena empezar. ¿Por qué no intentarlo? Aunque la soldadura es algo que te pone en tu sitio, que siempre hay alguien mejor que tú, también es sorprendente la capacidad que tenemos de hacer lo imposible (aunque sea una sola vez en la vida) en un momento crítico en el que te lo juegas todo. La verdad es que nadie sabe lo que puede llegar a conseguir hasta que se ve en uno de esos momentos.

Cordón n.º 1.

Partimos de los mismos valores de tensión y velocidad de hilo que haya funcionado en los ejercicios de soldadura en vertical ascendente, ahora hay que ponerlos de acuerdo con el talón y entrehierro. La clave para conseguirlo: el calor tiene que romper el talón para que aparezca el ojo de cerradura pero sin que se caliente la zona o, nada más pasar, el cordón de penetración quedará hundido, un defecto que invalida la soldadura.

Para conseguir cerrar el entrehierro con el cordón de raíz empezaremos con 2,5 mm de separación y 1 mm de talón. Una vez ganemos en práctica podemos eliminar el talón para conseguir antes la fusión y poder avanzar más rápido. La inclinación de la pistola recomendada es algo mayor (unos 60º) para que el material de aporte no salga despedido hacia arriba sin control sino que se vaya acumulando contra el cordón de penetración que va quedando detrás.

En principio bastaría con que el cordón de raíz quede plano por la parte de arriba (sin partes hundidas) pero mejor si tiene algo de sobreespesor.

Cordones n.º 2 y 3.

Al igual que en la práctica en posición horizontal, podemos optar por dos cordones rectos para poner menos material en juego y reducir el riesgo de descuelgues.

Es muy importante estar situado en un sitio donde se tenga buena visión de la probeta, para un diestro la esquina izquierda es un punto desde el que se ve todo el progreso del hilo y, además, podemos calcular mejor al velocidad de avance. Si estamos justo al final de la unión donde no hay perspectiva y apenas veremos nada con la pistola delante). Debemos estar muy atentos, en esta posición es más difícil mantener la distancia de hilo libre constante (practica antes de dar los cordones paseando la pistola por el recorrido que ha de seguir en cada uno de los cordones y observa si en algún punto tienes dificultad para ver o para avanzar, si es así prueba con la pieza un poco más arriba o muévete ligeramente más a la izquierda). Se trata de avanzar con decisión, no con precipitación, para que los cordones queden planos sin descuelgues y mantengan la misma anchura en toda su longitud. Lo ideal es que tengan el menor espesor posible pero lo dicho, sin que eso nos obsesione y nos obligue a correr tanto que no sea imposible mantener el control. Es justo lo contrario, debemos encontrar unos parámetros que nos hagan fácil avanzar con la sensación de tenerlo controlado.

Cordón n.º 4.

Un sencillo movimiento en U o zigzag puede ser una buena recomendación. Arrancamos en la chatarra de fuera y, con un movimiento de muñeca, vamos a ir realizando el peinado como en cualquiera de las anteriores prácticas. Debemos tener buena visión en todo momento para no separar las pasadas o quedarán huecos sin rellenar, pero manteniendo la cabeza a cierta distancia de la pistola para que esta no choque con la pantalla ni estorbe los movimientos.

¡Mucha suerte!

Figura 1.144. *Cortesía de* ***Ene Dragu.***

PRÁCTICA 8. Soldadura de pletinas a tope con preparación de bordes en X, posición horizontal PA(1G) y vertical ascendente PF(3G).

Material base. 2 piezas de acero al carbono 200 x 40 x 30 mm.

Diámetro hilo y designación. 1,0 ó 1,2 mm. ER 70S-3 (AWS A5.18-05) G 46 3 M 2Mo (EN ISO 14341-A:2008).

N.º de cordones. Aproximadamente 8 cordones (raíz, relleno y cierre). La pistola hacia delante o detrás (recomendado para la raíz).

Corriente de soldeo/velocidad de alimentación del hilo.

- De 17 a 19 V en raíz y de 4 a 6 m/min.
- De 18 a 23 V en los cordones siguientes y de 4 a 10 m/min.

Caudal de gas. 8-12 litros/minuto de argón/CO2 (85/15 %).

Modo de transferencia. Cortocircuito, spray o arco pulsado.

Longitud de hilo libre: 5-10 mm para cortocircuito, 15-20 para spray o pulsado.

Biselado. A 30° en X.

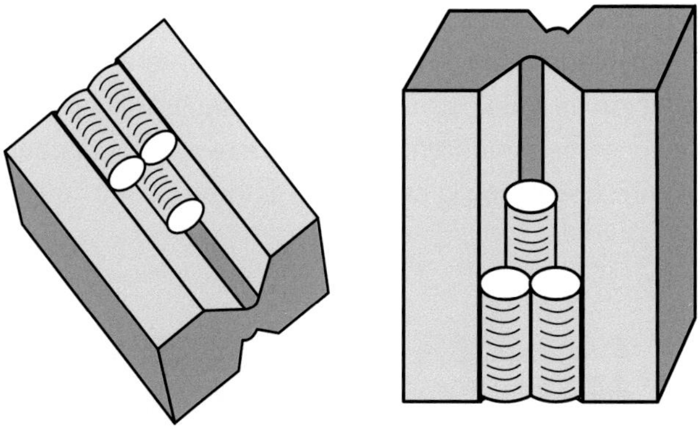

Figura 1.145.

Hemos visto que hay más de un modo de preparar los bordes de una pieza. En este ejercicio vamos a abordar la soldadura de un espesor mayor (30 mm) con el borde en X (recordemos que había unos espesores de referencia que nos ayudan a decidir la preparación de bordes). Esta preparación reduce las deformaciones por dilatación/contracción siempre que se suelde alternando las caras con un orden muy claro que vamos a ver a continuación. La otra condición es que se debe tener acceso libre a la unión por las dos caras.

Estas piezas se pueden cortar y achaflanar con la sierra de cinta, aunque hay que consultar al fabricante de las hoja para comprobar si se puede cortar este espesor sin dañar los dientes de la misma o romperla.

En principio cortaremos la placa a 35°, quedaría preparada en forma de "V". Después le damos la vuelta y cortamos el otro lado.

Una vez cortadas las dos hay que decidir si darles talón o no. Dado que el MAG permite un gran control sobre la cantidad de calor que se aporta a la soldadura y el mayor espesor de la pieza lo recomendable es no dar talón o que no sea

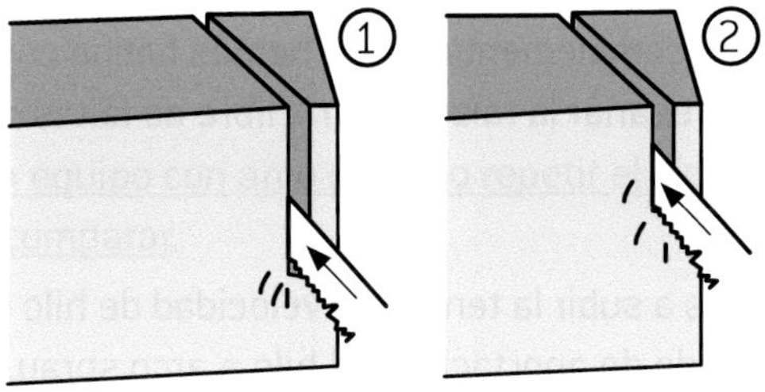

Figura 1.146.

mayor de 1 mm por no ser necesario. Las vamos a puntear dejando un entrehierro de 2,5 a 3,25 mm. Es tan importante como en las prácticas anteriores que los talones coincidan, así que debemos ser muy cuidadosos con las medidas en la sierra.

Debemos buscar una superficie lisa para depositar la pieza mientras se puntea a dos chatarras, una en cada extremo. Dado su espesor, no debería ser necesario ponerle unos puentes por el lado contrario al del soldeo del cordón n.º 1, pero se le pueden poner para mayor seguridad.

EJERCICIO N.º1 EN PLANO ALTERNANDO LAS CARAS

Cordón n.º 1. Modo de transferencia por cortocircuito y cara "A".

El objetivo es combinar los parámetros de forma que se abra el ojo de cerradura con la misma técnica que en los ejercicios anteriores, aunque si en algún punto no termina de penetrar no hay que levantar el cordón con disco de corte, aquí el arreglo es más sencillo como se explicará a continuación.

Cordón n.º 2. Modo de transferencia por cortocircuito y cara "B" de la pieza.

Este cordón se realiza en la cara posterior de la pieza. En caso de que hayamos colocado puentes hay que retirarlos y quedará a la vista estará la penetración del cordón n.º 1.

Cogeremos la radial con un disco de repasar y alisaremos cualquier parte que esté más alta o si hay alguna zona en la que todavía se vea el talón debido a que en ese punto no se ha conseguido la fusión total. Este proceso de alisamiento se acaba una vez que el talón haya desaparecido en toda la unión y cuando todo el cordón quede igualado, sin que haya zonas en las que tenga más altura.

Una de las formas con las que se denomina este proceso de alisamiento es el de buscar la raíz.

Cordones n.º 3 y 4 (cara A). Vamos a ejecutar dos cordones, primero abajo (n.º 3) y luego arriba (n.º 4). Cuando estén los dos le damos la vuelta a la probeta.

Cordones n.º 5 y 6 (cara B). La misma operación por esta cara.

Cordones n.º 7, 8 y 9 (cara A). Esto debería de ser fácil, solo ten cuidado en que el n.º 7 quede bien recto para que los otros también lo estén.

Cordones 10, 11 y 12 (cara B).

Cordones 13, 14, 15 y 16 (cara A). En principio se realizarían todos seguidos pero al primer indicio de que la probeta, que ya va cogiendo temperatura, se empiece a deformar, alternamos dos en A, dos en B y así sucesivamente hasta el final. Deben quedar bien rectos e igualados.

Cordones 17, 18, 19 y 20 (cara B) La misma recomendación que en los anteriores.

Si se dispone de un equipo con arco pulsado repetir el ejercicio en las dos posiciones para poder comparar.

Rematemos el trabajo y tomemos un descanso, nos lo hemos ganado.

1.1. ¿Cuál de los siguientes es el código, según norma EN ISO 9606-1, que identifica al soldeo MAG con hilo macizo del acero al carbono?

a. 130

b. 135

c. 136

1.2. ¿Cuál de los siguientes códigos corresponde a una soldadura en vertical ascendente?

a. PC

b. PF

c. PD

1.3. ¿Cuál es el acrónimo de la Sociedad Americana de la Soldadura?

a. DVS

b. ISO

c. AWS

1.4. ¿En qué porcentajes se encuentran los aceros de bajo contenido en carbono?

a. Entre 0,15 y 0,30

b. De 0,30 a 0,50

c. Entre 0,50 a 0,90

1.5. ¿Cuál debe ser la característica de una fuente de alimentación para soldadura MAG?

a. Intensidad constante

b. Tensión constante

c. Ambas

1.6. ¿Cuál es el nombre de la transferencia que se consigue con voltajes bajos?

a. Arco pulsado

b. Cortocircuito

c. Arco spray

1.7. ¿Cómo se llama al parámetro que controla la velocidad a la que se incrementa la intensidad?

a. Inductancia

b. Sinergia

c. Rotación

1.8. ¿Cuál de los siguientes modos de transferencia pulveriza el aporte en forma de cientos de finas gotas?

a. Globular

b. Spray

c. Rotativo

1.9. ¿En cuál de las siguientes categorías estaría una mezcla de argón/CO2 según norma UNE-EN ISO 14175:2009?

a. Inerte

b. Reductor

c. Oxidante

1.10. ¿Cuál de los siguientes gases o mezclas se pueden usar actualmente en soldadura MAG?

a. Argón/CO_2

b. CO_2 puro

c. Ambos

2. Técnicas operativas de soldeo MAG de tubos de acero al carbono

Contenido

Aunque lo más habitual es ver en internet a tuberos soldando con electrodo revestido o TIG, los modernos equipos MIG MAG y los avances en los consumibles permiten un control extraordinario del calor y la aportación, siendo, en algunas situaciones, la opción más adecuada para unir tuberías en una instalación o reparación.

En general es un sector que se define por su alta exigencia técnica. Lo que se espera del soldador tubero es eficacia y eficiencia, es decir, que resuelva las uniones a la primera con muy bajo porcentaje de fallos en el menor tiempo posible y adaptándose a las circunstancias particulares de cada instalación.

Por otro lado, es una industria muy amplia donde los soldadores que trabajan en ella habitualmente son especialistas en unos materiales, diámetros y espesores concretos. En particular, la soldadura MAG no se suele utilizar en uniones de tuberías de pequeño espesor/diámetro donde el sistema TIG en combinación con electrodo revestido es más ventajoso, pero sí en instalaciones medias o pesadas. En los últimos años, la ya mencionada mejora de equipos y consumibles en combinación con el desarrollo y flexibilidad de automatismos para trabajos en obra está multiplicando los casos donde se suelda con hilos tradicionales o tubulares.

Por todo esto es necesario que el soldador posea una técnica depurada, pero también, al mismo nivel de importancia, unos conocimientos sólidos sobre el funcionamiento de los equipos de soldadura. Este nivel de especialización lo forman actualmente profesionales que, si lo desean, pueden trabajan por todo el mundo y para los que su oficio es, más que un trabajo, una forma de vida.

2.1. Formas de las juntas. Preparación de las uniones a soldar. Técnicas y normas de punteado

Al igual que en la soldadura de chapas y perfiles, la preparación de bordes es algo muy importante.

Debemos entender que el chaflán (la suma de los dos biseles) no solo está para facilitar el acceso desde la raíz en una o las dos caras de la pieza, es un parámetro más y se debe prestar la debida atención a su diseño.

Por ejemplo, si el chaflán es más grande de lo necesario, el área a soldar será mayor, las tensiones y deformaciones aumentarán y también la ZAC (zona afectada por el calor), simplemente porque emplearemos más tiempo en soldar la unión. Por el contrario, si el chaflán es demasiado cerrado, la dificultad de acceso para el soldador aumenta, así como la posibilidad de faltas de fusión en la unión.

En resumen, el objetivo es que el diseño de la unión suponga la menor dificultad para el soldador y, al mismo tiempo, que favorezca la producción y rapidez, algo que reduce la posibilidad de problemas con las tensiones y deformaciones. En esta tarea es especialmente importante aplicar las normativas que regulan estos trabajos y, al mismo tiempo, favorecer la comunicación entre los encargados del diseño y soldadores como modo de encontrar la solución más adecuada a los posibles problemas que puedan plantearse.

2.2. Instalación de los útiles de sujeción

Si en la soldadura de tubería para entrenamiento un sencillo posicionador puede ser suficiente, en instalación o mantenimiento lo más recomendable es recurrir a una herramienta profesional de precisión.

Existe en el mercado una gran variedad de utillaje para el montaje, sujeción o alineado. La importancia de los útiles de sujeción en estos casos va más allá de ganar tiempo; sin ellos sería muy difícil realizar las soldaduras.

Figura 2.1. *Soportes para la instalación de tuberías con capacidad de carga de 1.000 kg regulables en altura. Gentileza de* ***CODESOL.***

En este caso, y dependiendo principalmente de las dimensiones y acceso a las uniones, la variedad es grande: desde sencillos soportes a sofisticados centradores y alineadores mecánicos o hidráulicos que posicionan las tuberías y las mantienen así durante su soldadura.

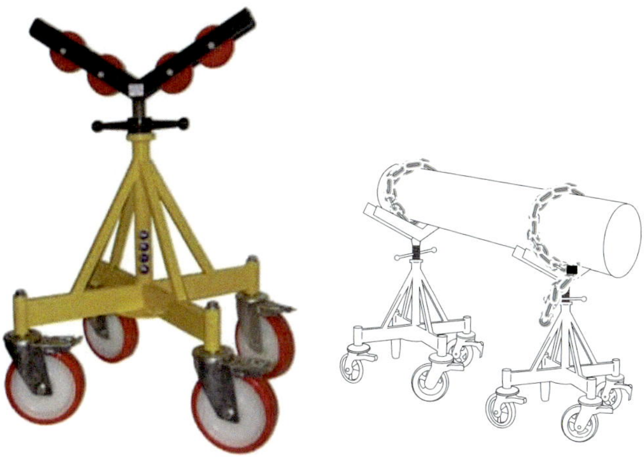

Figura 2.2. *Soporte con ruedas giratorias para montar y mover tubos en taller. Gentileza de* ***CODESOL.***

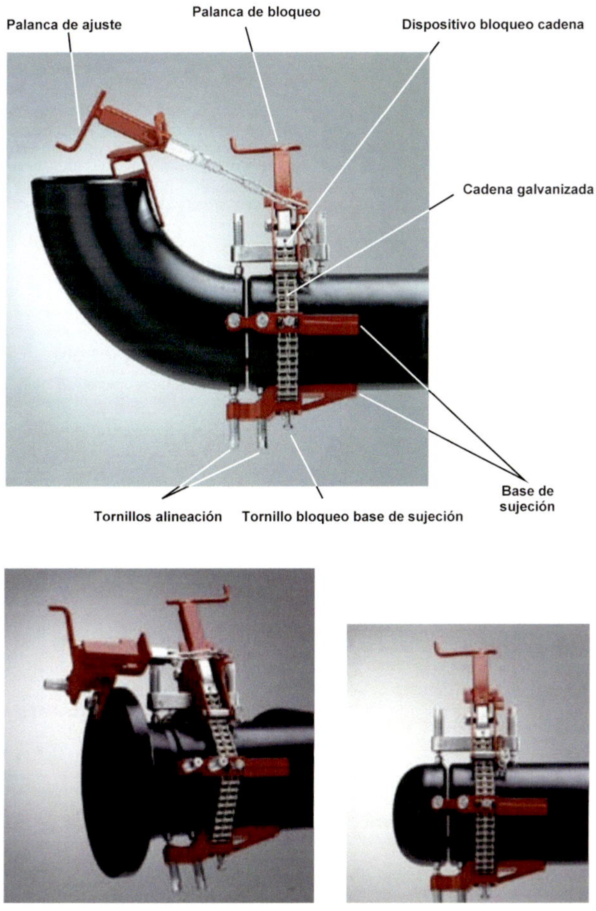

Figura 2.3. *Centrador exterior con cadena para tubería. Gentileza de* ***CODESOL.***

MEDIDAS DISPONIBLES

Nº ref.	DIÁMETRO DE TUBO PULGADAS	DIÁMETRO DE TUBO SIST. MÉTRICO	PESO
E-Z/G 3	1"- 3"	20-90mm	1.40kg
E-Z/G 5	2" - 5'	50-150mm	3kg
E-Z/G 7	4" - 7'	90-190mm	3.3kg
E-Z/G 9	5" - 9"	125-225mm	7kg
E-Z/G 14	10" - 14"	225-370mm	9kg

APLICACIONES HABITUALES DEL CENTRADOR EXTERIOR E-Z GOLD

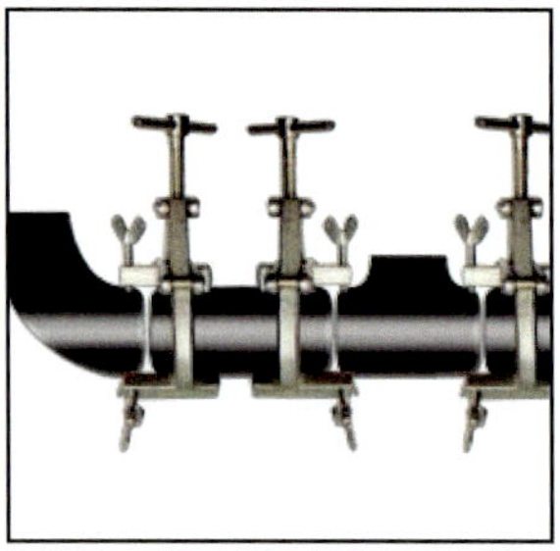

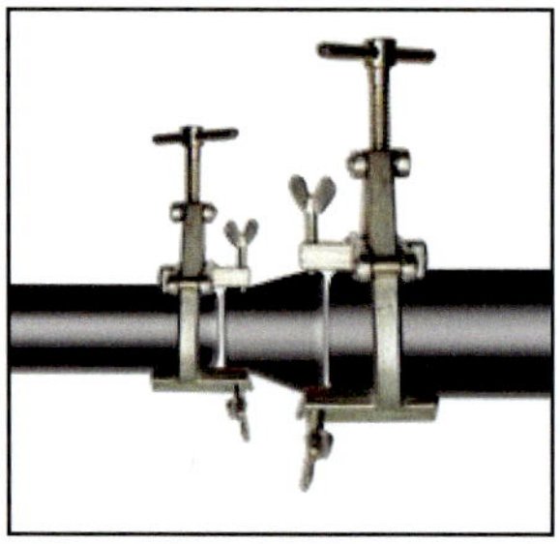

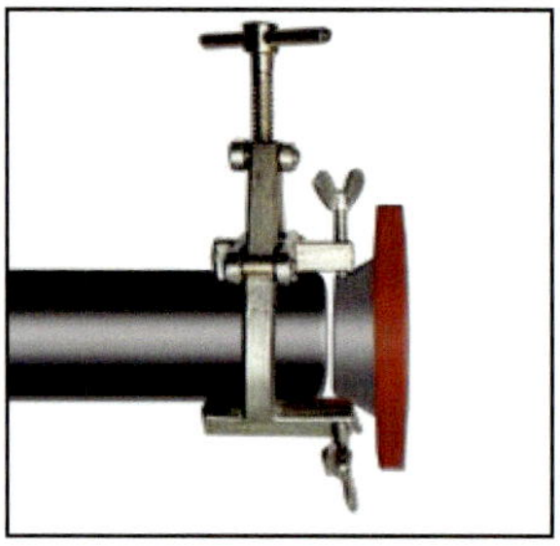

CENTRADOR "SCISSOR" SERIE TM 100

Para la realización de sujeciones y centrados de tuberías, de diámetros iguales o variables en una linea de centro común, mediante la compensación automática de diámetro. No hay necesidad de hacer ajustes suplementarios. Soldaduras siempre accesibles por todas partes.

Nº ref.	CAPACIDAD (mm)	PESO (Kg)
100-1	10-70	2.1
100-2	40-140	5.9
100-3	75-330	26

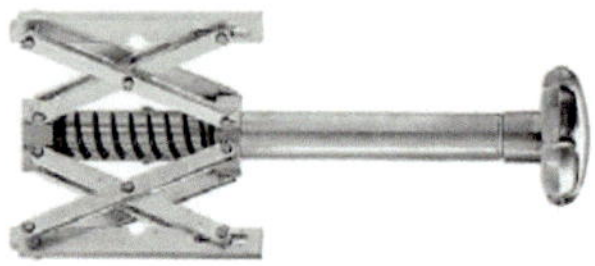

CENTRADOR "SPIDER TM" SERIE 302

Para el centrado y la sujeción de diámetros iguales, o bien, como dispositivo de sujeción con tan sólo un cuerpo extensible.

Nº. ref.	CAPACIDAD (mm)	PESO (Kg)
302-1	54-140	1.1
302-2	85-220	2.5
302-3	120-350	6
302-4	180-520	14
302-5	400-940	20

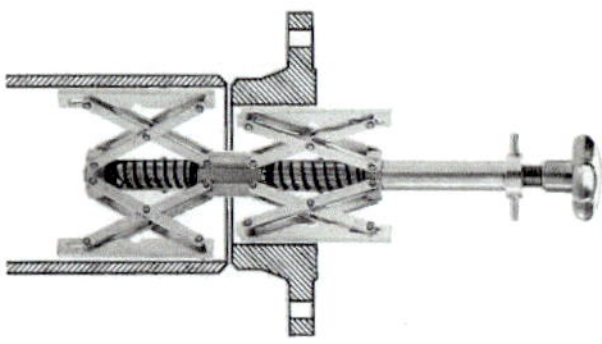

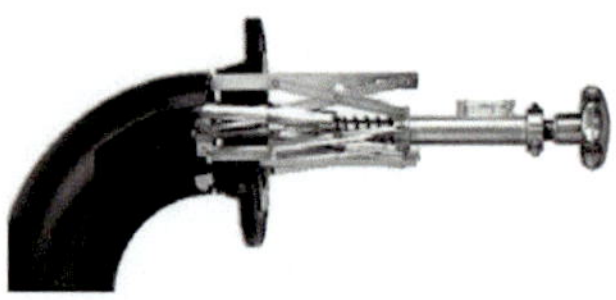

Figura 2.4. *Diversos tipos y modelos de centradores. Gentileza de* ***CODESOL.***

2.3. Regulación de los parámetros principales en la soldadura MAG de tubos: polaridad, tensión de arco, intensidad de corriente, diámetro y velocidad de alimentación del hilo. Naturaleza y caudal del gas. Selección de la forma de transferencia

Se podría decir que lo más destacable de la soldadura MAG en tubo es su dinamismo. Soldarlos implica esfuerzo, técnica y anticipación al soldador/a para llegar a cada punto manteniendo la inclinación de la pistola y distancia de hilo libre, ya que la superficie circular cambia a cada centímetro.

Ajustar la velocidad de hilo y voltaje sin comprometer la penetración permite ganar algo de tiempo y ayuda a sentir la necesaria sensación de control de la unión en todo momento y en cualquier posición. Esto prácticamente descarta el uso de la transferencia espray a favor del modo cortocircuito, globular o, si el equipo dispone de ello, arco pulsado normal o doble.

A continuación vamos a analizar todo lo relativo a la unión de tubos con placas o tuberías de distinto espesor y diámetro en diferentes posiciones de la norma. Debes saber que los parámetros e indicaciones que se proponen en cada ejercicio han sido utilizados por soldadores/as en pruebas de certificación, es decir, vienen de la experiencia personal de hombres y mujeres que un día decidieron hacer algo extraordinario que tengo la suerte de contemplar a diario: vivir la experiencia del aprendizaje de un oficio y descubrir por el camino una herramienta de crecimiento y superación.

2.4. Inclinación de la pistola según junta y posición de soldeo

La inclinación recomendada debe ser de 80° y no menor de 65° para asegurar la protección del gas. Al mismo tiempo, no se debe dar ninguna inclinación lateral a la pistola, que debe rotar alrededor del tubo como la manecilla de un reloj.

2.5. Sentido de avance en aportación de material

En acero al carbono es válida la soldadura con la pistola orientada hacia delante o hacia detrás. En las prácticas se hacen algunas recomendaciones sobre qué sentido utilizar, según la posición del tubo a soldar buscando siempre el modo más sencillo de realizar cordones con calidad y que facilite el trabajo al soldador/a.

2.6. Distancia pistola-pieza

La distancia recomendada para cualquiera de los modos de aportación que vamos a utilizar en los ejercicios de práctica está entre los 10 y 20 mm de hilo libre.

2.7. Técnica de soldeo en las diferentes posiciones de soldadura. Distribución de los diferentes cordones de penetración, relleno y peinado

En las fichas de prácticas se dan indicaciones para mantener el *stick out* e inclinación en cualquier punto de la unión de tuberías, algo muy importante, sobre todo si el equipo es analógico y no corrige al instante el comportamiento de la penetración por fallos en la longitud de hilo libre.

Según el cordón sea de raíz, relleno o peinado, los parámetros cambian y se ha de volver a buscar el punto de equilibrio entre el nuevo valor de tensión y alimentación del hilo.

2.8. Aplicación práctica de soldeo de perfiles de acero al carbono en diferentes posiciones con hilo sólido

Las instalaciones de tubería deben dar servicio a todo tipo de necesidades y en función de ellas varía su fabricación. Los tubos se fabrican a partir de hierro y chatarra, de los cuales se produce una colada con una calidad muy controlada. A continuación y dependiendo del uso al que se va a destinar, el proceso de fabricación cambia. Se pueden añadir distintos elementos de aleación a la colada y los tubos pueden llevar o no soldadura:

- **Tubería con soldadura.** Se fabrican a partir de bloques de acero que se calientan a 1.200 °C y por laminación se estiran hasta que tienen un espesor homogéneo. Después se conforman (se curvan y sus extremos se sueldan que permiten un gran control sobre la cantidad de calor que se aporta al tubo). Las soldaduras y la calidad del material se controlan por corrientes inducidas y por ensayos de abocardado.
- **Tubería sin soldadura.** Se utilizan barras de acero macizas calentadas a 1.250 °C que se hacen pasar por un laminador perforador. Las barras son forzadas por dos cilindros bicónicos a avanzar sobre una punta perforadora.

  Este primer tubo hueco pasa por varias etapas de laminación que le dan uniformidad y permiten calibrar su dimensión final.

Algunos ejemplos de ambos casos:

- Tubos de acero al carbono sin soldadura para servicio a alta temperatura.
- Tubos sin soldadura estirados en frío para servicio a alta presión.
- Tubos de acero soldado para calderas.
- Tubos de acero soldado para servicios a temperatura ambiente o inferior.

A la hora de instalar tuberías y unirlas entre sí, el tipo de servicio que vayan a realizar es el que determina también si la unión requiere soldadura o no. Podemos encontrar instalaciones en las que no se sueldan entre sí y las uniones son roscadas o mediante bridas hasta el extremo contrario en casos de usos a altas presiones o temperaturas en las que prácticamente se eliminan las uniones no permanentes y se sustituyen por cordones de soldadura.

El *Schedule* (Sch) es el estándar de tubería de la API (American Petroleum Institute). Indica la presión nominal de la tubería, que puede ser 5, 10, 20, 30, 40, 50, 60, 80, 120, 140 y 160 (hasta 40 para bajas presiones, 80 para medianas y 160 para altas).

El Diámetro Nominal (DN o NPS, del inglés *nominal pipe size*) se refiere al interior de tubo y se expresa en milímetros. El diámetro NPS es lo mismo, pero se expresa en pulgadas. El diámetro real es el exterior.

El diámetro nominal y el *schedule* están directamente relacionados. Los tubos conservan un espesor de pared adecuado a su *schedule* para varios diámetros nominales.

Por tanto las tuberías pueden tener el mismo diámetro exterior, pero diferente *schedule.* A menor diámetro nominal, mayor espesor de pared y también mayor *schedule.*

PRÁCTICA 10. Unión de tubo a placa en posición horizontal. PB(2F).

Material base. Pieza acero al carbono 150 x 150 x 8 mm. Tubo de 101,6 mm (4 pulgadas) x 40 x 6 mm (*schedule* 40).

Diámetro hilo y designación. 1 mm. ER 70S-3 (AWS A5.18-05) G 46 3 M 2Mo (EN ISO 14341-A:2008).

N.º de cordones. 3 con movimiento recto. La pistola hacia delante o detrás (recomendado en la raíz).

Corriente de soldeo. 21-23 voltios.

Velocidad de alimentación del hilo. 5-9 metros/minuto.

Caudal de gas. 8-12 litros/minuto de argón/CO_2 (85/15 %).

Modo de transferencia. Cortocircuito, spray (salvo en el n.º 1) o arco pulsado.

Longitud de hilo libre: 5-10 mm para cortocircuito, 15-20 para pulsado.

Biselado del tubo: 35º.

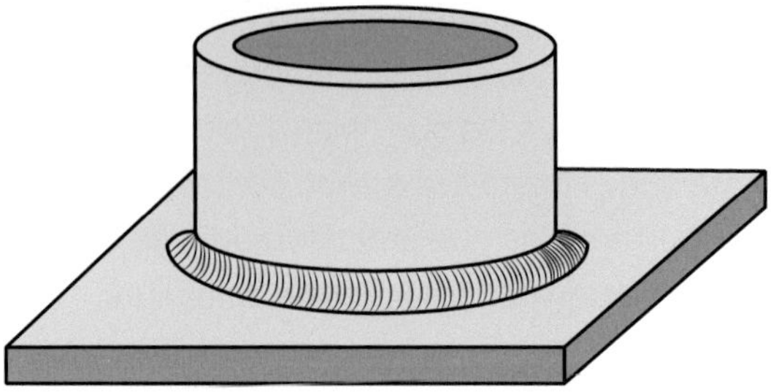

Figura 2.5.

El primer ejercicio que vamos a realizar es la soldadura de un tubo a una chapa plana. La importancia de este tipo de soldaduras es mucho mayor de la que en principio podamos imaginar, puesto que vamos a simular la soldadura de un tubo a una brida.

Figura 2.6. *Gentileza de* ***BIPETROL.***

Ahora una de las dos piezas es circular. Eso implica que según avancemos debemos ir corrigiendo el ángulo de ejecución, pues la pistola debe ir en todo momento enfrentada a la unión manteniendo la habitual inclinación de 75º-80º. Supone algo nuevo y un gran trabajo de muñeca conseguir que la pistola vaya girando como la manecilla de un reloj.

La tubería puede estar biselada o no, en función de si la penetración debe ser completa (precisa bisel) o no. En este ejercicio tenemos la oportunidad de probar su soldadura en ambos casos.

En caso de optar por biselar el borde de la tubería hay que decir que la sierra no es un instrumento de precisión (los corta muy bien, sí, pero no da el corte completamente recto) esto supone que haya que refrentar el tubo antes de biselarlo, es decir, que tengamos que dejar la línea de corte completamente perpendicular al tubo por otros medios.

¿Por qué no se puede biselar el tubo tal cual? Imagina que estamos uniendo tramos de tubo de seis metros cada uno. Si los bordes no están refrentados (que formen un ángulo de 90 con el lateral), esa instalación no va a mantener una línea recta.

¿Cómo se refrenta un tubo? Vamos a necesitar un torno paralelo, que sí es una máquina de precisión, donde poder mecanizar el borde con una herramienta para acero al carbono, a una velocidad baja (unas 140 rpm en posición cilindrar, ver UF 1622 "Procesos de corte y preparación de bordes").

Una vez refrentado, inclinaremos la herramienta a 35° para biselar sus bordes. Si todo ha salido bien, el bisel tendrá la misma anchura; pero si nos hemos quedado cortos al refrentar, en algunos puntos medirá más y en otros menos.

Figura 2.7.

¿No se puede biselar de otro modo? Sí. En el mercado hay achaflanadoras portátiles que mecanizan los bordes de los tubos o, en caso de no disponer de otra herramienta, se podría utilizar una radial con un disco de repasar, aunque es cansado e impreciso.

Figura 2.8. *Máquina de mecanizado BRB2 y BRB4. Gentileza de* ***CODESOL.***

Al borde del tubo le vamos a quitar la arista dejándolo ligeramente plano, bastará con 1 o 2 mm, es lo que conocemos como talón. Como ya hemos comprobado en los ejercicios de uniones achaflanadas, sirve para asegurar la fusión del tubo con la raíz. Ofrece la resistencia justa para que se forme un *keyhole* pequeño; el tamaño de este coincidirá con el del cordón de penetración.

Para la preparación de la pieza es muy importante respetar las medidas del ejercicio, eliminar con radial y un disco de lija, una grata o disco de repasar, óxidos, suciedad y restos de taladrina.

Es necesario dejar separación entre el tubo y la placa (entrehierro). En la primera prueba, la referencia es dejar 2,5 mm de separación. En las siguientes puedes probar con más o menos.

Figura 2.9. *Equipo para corte y biselado. Gentileza de* ***CODESOL.***

<u>¿Cómo puntear con separación?</u> Necesitaremos una varilla doblada a 90º que podamos poner entre el tubo y la placa.

<u>¿Cuántos puntos y dónde darlos?</u> Tres son suficientes. Después de dar el primero, se saca la varilla dejando solo un extremo de esta entre el tubo y placa. A continuación se dan el n.º 2 y el 3 y ya se puede retirar totalmente la varilla.

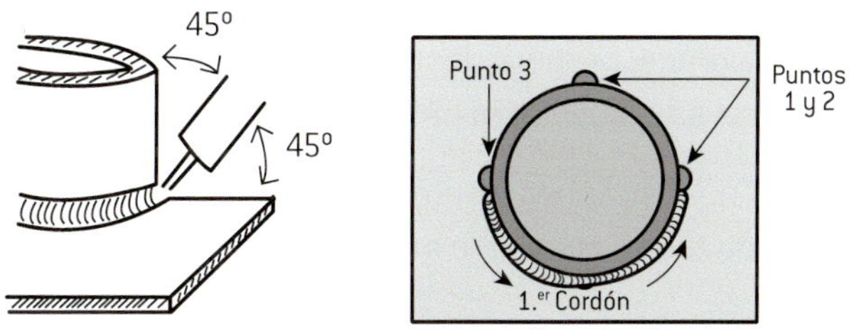

Figura 2.10.

¿Cómo posicionarnos? Si eres diestro/a, sitúate frente a la pieza y coloca la pistola en el lado derecho del tubo (a las 3, si imaginamos que es la esfera de un reloj).

¿Qué inclinación? 75-80º en sentido contrario al avance (hacia detrás).

¿Dónde deberíamos parar? Lo ideal es que soldemos la mitad de una sola pasada (si es posible, de las 3 a las 9), pero si al principio es más cómodo soldar un cuarto (de las 3 a las 6) lo podemos hacer así.

Cordón n.º 1: con la pistola orientada hacia detrás, vamos a ir cerrando la separación. Si hemos calculado bien los parámetros de tensión y velocidad de hilo, se irá abriendo un pequeño ojo de cerradura en el bisel fácil de cerrar con el material que va formando el cordón.

¿Por qué no soldar con la pistola hacia delante? Llevarla a 70- 80º inclinada ligeramente hacia detrás permite que el hilo esté en contacto siempre con el cordón y hace más difícil que se cuele por el entrehierro. Si esto ocurre momentáneamente se corta el arco enfriándose el baño, pudiendo, incluso, quedar un trozo de alambre entero asomando por la parte interior del cordón de penetración.

Esta vez los espesores son distintos. El tubo no solo es más delgado, además tiene los bordes biselados, algo necesario para facilitar la penetración completa. Por otro lado, la placa es más gruesa y para evitar un problema de falta de fusión entre ambos debemos en esta ocasión apuntar más a la placa.

Si el *keyhole* se forma demasiado rápido, no pares todavía:

- Prueba a dar un ligero movimiento lateral a la pistola, puede que así controles su tamaño sin necesidad de parar.
- Prueba también a apuntar ligeramente más a la placa que al tubo.

Esmerilaremos el inicio y final del primer cordón, dejando lista una rampa para arrancar en una y acabar en la contraria. La preparación ha de ser la misma que se explica en la Práctica n.º 8.

No te precipites y haz las pruebas que necesites, ante los cambios debemos mantener un tiempo mínimo de adaptación: apaga el equipo y recorre la costura con la pistola, solo atento a la muñeca para ver si eres capaz de ir corrigiendo la inclinación con el avance, primero despacio y luego más rápido. De este modo podrás situarte en el sitio adecuado para conseguir soldarlo en dos veces.

Cordones 2 y 3. El n.º 2 prácticamente debe cubrir el n.º 1, eso evitará que la soldadura terminada tenga más base que altura.

En el n.º 3 debemos apuntar a la parte más alta del cordón n.º 1. La pistola hacia delante o detrás.

Una vez conseguido el ejercicio puedes probar lo siguiente:

- Cambiar el modo de transferencia a cortocircuito a partir del cordón n.º 2.
- Si el equipo dispone de arco pulsado, prueba a utilizarlo en todos los cordones.
- El tubo elegido para empezar tiene un diámetro intermedio, prueba ahora a realizar el ejercicio con un tubo de 2 pulgadas y una pletina de 100 x 100 x 3 mm. La nueva dificultad está en que el giro que debes dar a la muñeca es ahora mucho más exigente.

Figura 2.11. *Gentileza de **Miguel Ortiz McNamara.***

PRÁCTICA 11. Unión de tubo a placa en posición vertical ascendente (PH=PF para tubo/2FR).

Material base. Pieza de acero al carbono 150 x 150 x 8 mm. Tubo de 101,6 mm (4 pulgadas) x 40 x 6 mm (*schedule* 40).

Diámetro hilo y designación. 1 mm. ER 70S-3 (AWS A5.18-05) G 46 3 M 2Mo (EN ISO 14341-A:2008).

N.º de cordones. 3-6 con movimiento recto. La pistola hacia delante o detrás (recomendado en la raíz).

Corriente de soldeo. 18-23 voltios.

Velocidad de alimentación del hilo. 4-9 metros/minuto.

Caudal de gas. 8-12 litros/minuto de argón/CO_2 (85/15 %).

Modo de transferencia. Cortocircuito o arco pulsado.

Longitud de hilo libre: 5-10 mm para cortocircuito, 15-20 para pulsado.

Biselado del tubo: 35º.

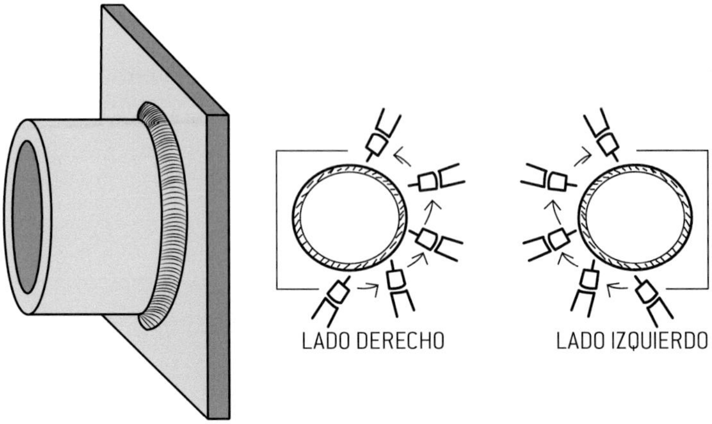

Figura 2.12.

En este ejercicio vamos a soldar la misma pieza en posición vertical ascendente.

Después de cortar, refrentar, biselar, limpiar y puntear el ejercicio necesitaremos de un posicionador o útil para sostener la probeta mientras la soldamos en vertical ascendente. Bastaría dar tres puntos, que vamos a dejar en el lado derecho (ver dibujo).

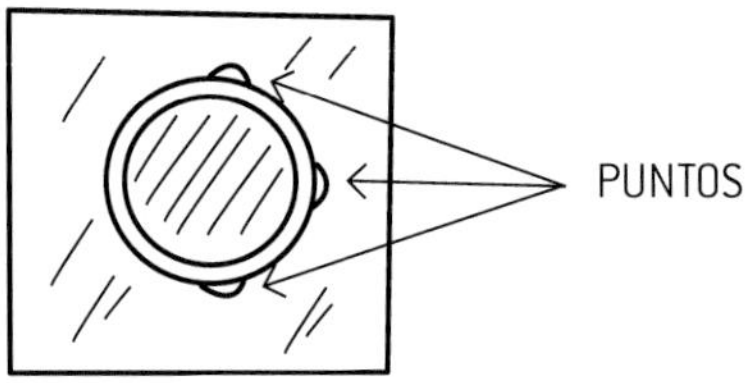

Figura 2.13.

¿A qué altura colocarla? Una referencia puede ayudarte: deja el punto más alto de la unión a la altura de la nariz y mantenlo de principio a fin de la práctica. Te permitirá tener a la vista la parte más baja de la costura sin tener que inclinar mucho el tronco o sin necesidad de ponerte de rodillas.

Aunque en un examen de homologación el inspector de construcciones soldadas (ICS) no te permitiría mover la pieza durante tu aprendizaje, si lo ves necesario puedes "hacer trampa" hasta ganar algo de soltura. Nunca debemos ser inflexibles, una pequeña falta puede acercarnos al objetivo.

Soldadura del lado izquierdo (recomendado para empezar, si eres diestro/a). Con el tronco también a la izquierda de la pieza vamos a posicionar la pistola, orientada hacia atrás, en la parte más baja del tubo. Si comparamos este con la esfera de un reloj, empezaríamos a las 6. Antes de arrancar conviene que hagamos una prueba en la que desplacemos la pistola hacia arriba simulando que vamos soldando, para comprobar si podemos mantener la distancia de hilo libre e inclinación, atentos a si en algún punto aparece alguna dificultad que impida el avance a velocidad constante. Arrancamos muy pendientes de si se forma el ojo de cerradura y si el tamaño de este es constante y controlable.

Al llegar a las 10, la visión de la unión debería reducirse porque la pistola se interpone y no nos deja ver bien, ahí vamos a parar.

Con una radial esmerilamos el final y el principio del cordón. Una vez hecho, nos situamos al lado derecho de la pieza y vamos a soldar la parte superior, que va de las 10 a las 12.

Soldadura del lado derecho. Primero vamos a eliminar con radial los puntos que sujetaban la pieza y que ya no necesitamos, así evitamos que, si alguno tiene algún defecto, este pase al cordón.

Empezaremos a las 6, con la pistola orientada hacia atrás, hasta las 2. En ese momento paramos, esmerilamos el final, nos posicionamos en el lado izquierdo y arrancamos de nuevo hasta llegar a las 12.

Cordones n.º 2 y 3. Se realizan sobre el n.º 1, como en la práctica anterior, siguiendo las mismas instrucciones, con la pistola hacia delante o detrás.

PRÁCTICA 12. Unión de tubo a placa en posición bajo techo PD(4F).

Material base. Pieza de acero al carbono 150 x 150 x 8 mm. Tubo de 101,6 mm (4 pulgadas) x 40 x 6 mm (*schedule* 40).

Diámetro hilo y designación. 1,0 mm. ER 70S-3 (AWS A5.18-05) G 46 3 M 2Mo (EN ISO 14341-A:2008).

N.º de cordones. 3-6 con movimiento recto. La pistola hacia delante o detrás (recomendado en la raíz).

Corriente de soldeo. 20-24 Voltios.

Velocidad de alimentación del hilo. 4-5 metros/minuto.

Caudal de gas. 8-12 litros/minuto de argón/CO_2 (85/15 %).

Modo de transferencia. Cortocircuito o arco pulsado.

Longitud de hilo libre: 5-10 mm para cortocircuito, 15-20 para pulsado.

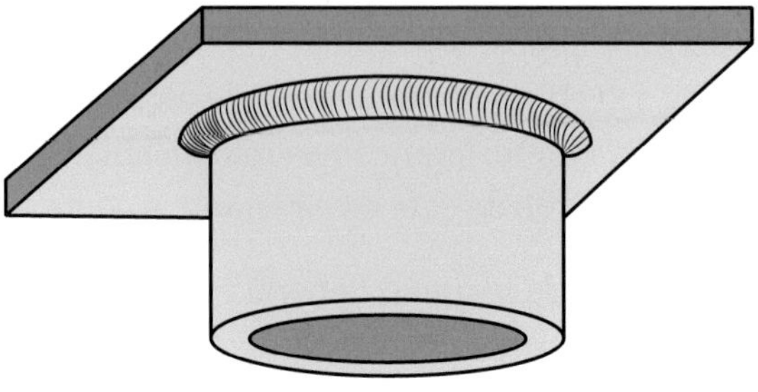

Figura 2.14.

Este ejercicio parece muy difícil, pero en realidad es prácticamente igual que si lo soldáramos en posición horizontal. Lo que realmente "pesa" no es el material de los cordones, sino el factor psicológico. Puede parecer poco probable conseguir un acabado bajo techo que no se distinga del logrado en otras posiciones, pero debes entender que ese pensamiento no te va a ayudar, todo lo contrario. En realidad el baño de fusión es una "gota" que tiende a mantener su forma. A no ser que llevemos una corriente demasiado alta o que no avancemos a suficiente velocidad, el cordón no tiene por qué quedar descolgado.

Posicionado de la pieza. La recomendación es colocarla a la altura de los ojos. Si está más arriba, mayor posibilidad de que las proyecciones nos quemen la cabeza y los brazos se cansarán antes. Más abajo se hace difícil ver la unión.

Cordón n.º 1.

La pistola debe mantener la misma inclinación de principio a fin, el hilo debe abrir el *keyhole* para garantizar la penetración. Un pequeño balanceo lateral y la pistola apuntando algo más a la placa que al tubo puede ayudar a mantener abierto y controlado el ojo de cerradura. La recomendación en la raíz es que la pistola avance orientada hacia detrás.

Es importante que ensayes el movimiento con la pistola antes de hacer el primer intento, y no empezar hasta estar seguro de que has elegido una posición desde la que ver sin problemas el avance de la pistola. La manguera puede ser algo pesada y oscilar, una opción es echarla al hombro, pero ¡cuidado!, si lo haces así, antes revisa su estado. Asegúrate de que los cables del interior están perfectamente aislados.

Revisa el estado de la tobera y limpia las proyecciones para que no impidan la salida del gas. En esta posición se ensucia mucho antes de lo habitual.

Sube a 15 litros/minuto el caudal de gas. Así compensaremos la tendencia del argón a caer (es más pesado que el aire) sin que el cordón quede sin protección. Si, pese a limpiar bien y llevar un caudal más alto, aparecen poros en el cordón, reduce la longitud de hilo libre *(stick out)*.

Al principio no es necesario, pero debemos acabar siendo capaces de soldar el tubo totalmente con dos cordones, de las 12 a las 6 pasando por las 3 y de las 12 a las 6 pasando por las 9 (o al revés).

Cordones n.º 2 y 3.

La diferencia con el cordón n.º 1:

- Realízalos con mayor altura de arco para abarcar un área mayor y que queden más anchos y planos.
- Suelda hacia delante para que las soldaduras queden más lisas y planas.

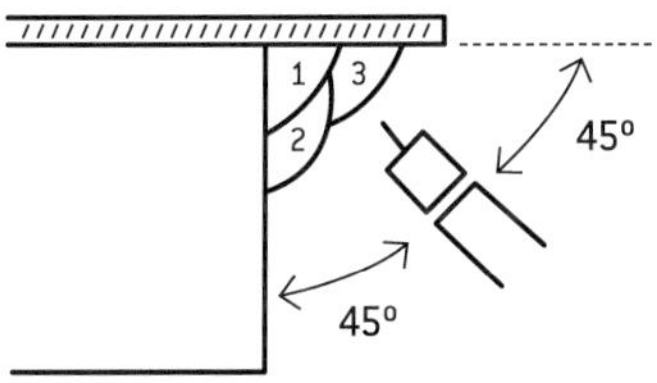

Figura 2.15.

Es posible, a partir del cordón n.º 3, que bajar un poco hilo y voltaje sea recomendable, incluso necesario. La pieza se va a ir calentando, los parámetros que al principio iban bien puede que sean excesivos al final.

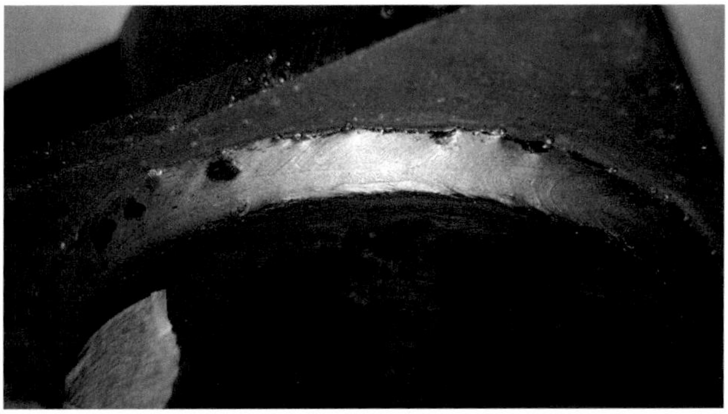

Figura 2.16. *Gentileza de* ***Miguel Ortiz McNamara.***

PRÁCTICA 13. Unión de tubos de dos pulgadas a tope en posición cornisa. PC(2G).

Material base. 2 tubos en acero al carbono de 2 pulgadas (1 pulgada = 25,4 mm) y 3 mm de espesor (2" x 35 x 3 mm).

Diámetro hilo y designación. 0,8 mm. ER 70S-3 (AWS A5.18-05) G 46 3 M 2Mo (EN ISO 14341-A:2008).

N.º de cordones. 1 con movimiento recto con balanceo delante/detrás. La pistola hacia delante o detrás (recomendado).

Corriente de soldeo. 16-18 voltios.

Velocidad de alimentación del hilo. 4 a 6 metros/minuto.

Caudal de gas. 8-12 litros/minuto de argón/CO_2 (85/15 %).

Modo de transferencia. Cortocircuito o arco pulsado.

Longitud de hilo libre: 5-10 mm para cortocircuito, 15-20 para pulsado.

Biselado. 30°.

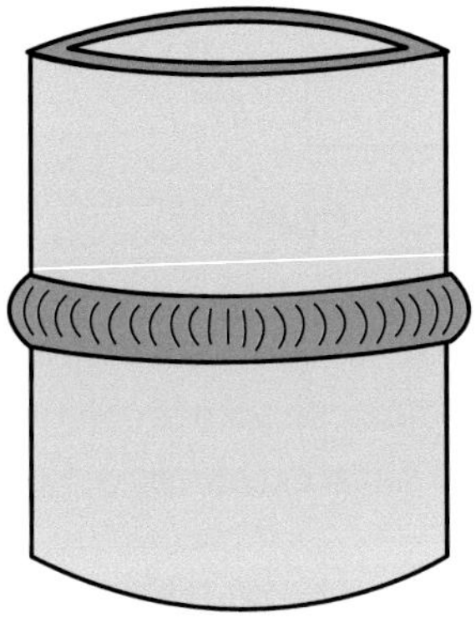

Figura 2.17.

Posiciona los tubos punteados y biselados a 35° en posición vertical para que la unión quede paralela al suelo con 2,5 mm de separación y 1 mm de talón.

La técnica: vamos a intentar soldarlo en dos tramos, aunque de entrada no es imprescindible. El primero, si nos ponemos de frente al tubo, será de las 9 a las 3 pasando por las 6 y dejaremos los puntos al otro lado para, nada más parar, eliminarlos con radial y continuar de las 3 a las 9 pasando por las 12.

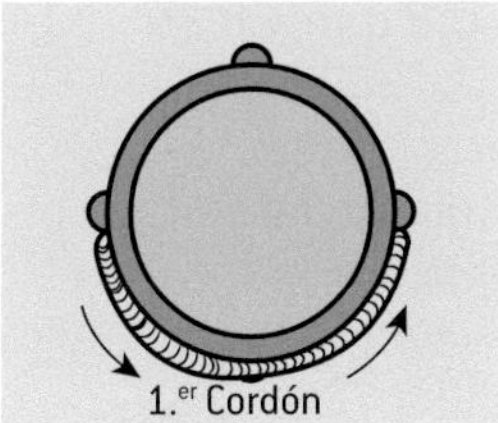

Figura 2.18.

Debemos ir corrigiendo la inclinación de la pistola según avancemos, haciendo un gran trabajo de muñeca, pues en cada punto debe llevar a una inclinación no mayor de 65°. Si recuerdas, es muy parecido a lo que hacíamos en la práctica de soldadura de tubo a placa en horizontal.

Se trata de avanzar con una intensidad que nos permita mantener a raya el ojo de cerradura, con movimiento lateral o con un balanceo del hilo delante-detrás.

Para que no se abra el ojo de cerradura más en la parte de arriba, debemos avanzar por la costura apuntando más al tubo de abajo.

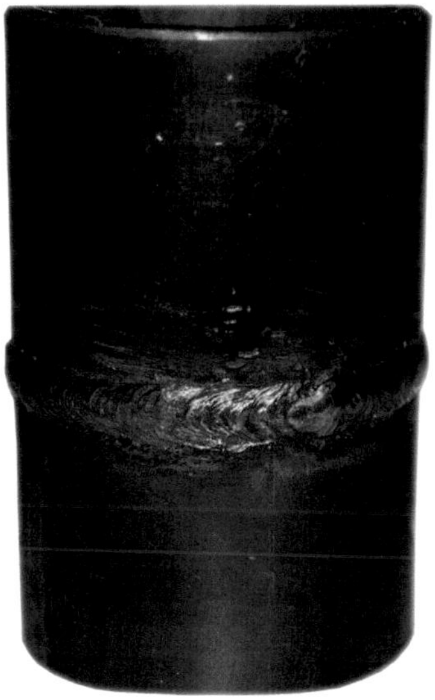

Figura 2.19.

PRÁCTICA 14. Unión de tubos de dos pulgadas a tope en posición vertical ascendente PF(5G).

Material base. 2 tubos de acero al carbono de 2 pulgadas (1 pulgada = 25,4 mm) y 3 mm de espesor (2" x 35 x 3mm).

Diámetro hilo y designación. 0,8 mm. ER 70S-3 (AWS A5.18-05) G 46 3 M 2Mo (EN ISO 14341-A:2008).

N.º de cordones. 1 con movimiento lateral. La pistola hacia delante o detrás (recomendado).

Corriente de soldeo. 16-18 voltios.

Velocidad de alimentación del hilo. 4 a 6 metros/minuto.

Caudal de gas. 8-12 litros/minuto de argón/CO_2 (85/15 %).

Modo de transferencia. Cortocircuito o arco pulsado.

Longitud de hilo libre: 5-10 mm para cortocircuito, 15-20 para pulsado.

Biselado. 30º.

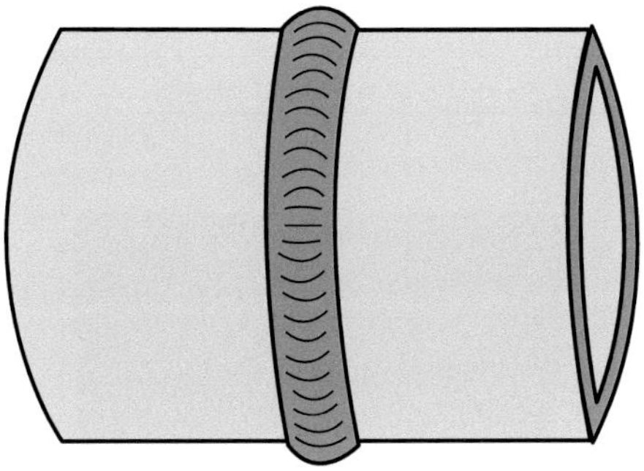

Figura 2.20.

Colocaremos los tubos en un soporte de modo que tengamos buena visión de la parte de arriba y abajo. La referencia habitual: la parte superior estará por debajo de los ojos, a la altura de la nariz.

El movimiento. Con la pistola orientada hacia atrás avanzaremos en zigzag para mantener a raya el ojo de cerradura. Debemos conseguir un fino cordón de penetración por dentro del tubo, o al menos un cordón plano donde no quede resto del entrehierro.

Podemos empezar por cualquiera de los dos lados:

- Desde las 6 para parar a las 10.
- Desde las 6 hasta las 2.

Al igual que en el ejercicio de soldadura tubo/placa en vertical ascendente, la recomendación es terminar los tramos de las 2 a las 12 y de las 10 a las 12, pasando de estar frente al tubo a posicionarnos en el lado contrario para tener buena visión.

Es decir, para soldar de las 10 a las 12, el cuerpo al lado izquierdo del tubo, y a la inversa.

Recuerda que antes debes esmerilar el final del cordón para asegurar la fusión y penetración en el empalme. Observa la zona a empalmar por dentro del tubo una vez lo realices, ¿está hundido en el punto donde se unen los cordones? Si es así, en la próxima ocasión debes esmerilar el final del cordón preparando una rampa más larga y fina, que pueda romper el nuevo cordón fácilmente. Así se formará el *keyhole* inmediatamente y por el interior de la tubería el cordón de penetración no se interrumpirá.

No tenemos prisa. Hay que dedicarle el tiempo necesario. Estos tubos pequeños son muy exigentes en cuanto a que hay que dar un gran giro de muñeca para "llegar a tiempo" con la inclinación correcta a cada punto (como siempre, 70º-80º). La pistola debe girar por la unión como si fuera la manecilla de un reloj.

Figura 2.21.

PRÁCTICA 15. Unión de tubos de cinco pulgadas a tope en posición cornisa PC(2G).

Material base. 2 tubos de acero al carbono de diámetro nominal 150 mm (6 pulgadas) x 40 x 7,92 mm (*schedule* 40).

Diámetro hilo y designación. 0,8 mm. ER 70S-3 (AWS A5.18-05) G 46 3 M 2Mo (EN ISO 14341-A:2008).

N.º de cordones. 6 con movimiento recto. La pistola hacia delante o detrás (recomendado en la raíz).

Corriente de soldeo. Raíz 16-18 voltios. Resto 18-21 V.

Velocidad de alimentación del hilo. 4 a 8 metros/minuto.

Caudal de gas. 8-12 litros/minuto de argón/CO_2 (85/15 %).

Modo de transferencia. Cortocircuito o arco pulsado.

Longitud de hilo libre: 5-10 mm para cortocircuito, 15-20 para pulsado.

Biselado. 30-35° en V con 2-2,5 mm de separación y talón de 1,5-2 mm.

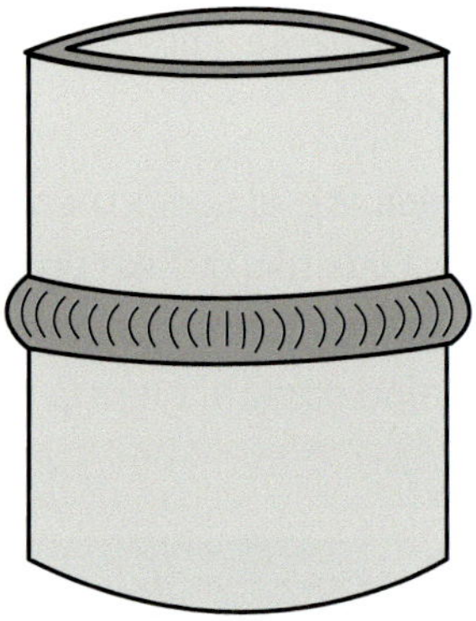

Figura 2.22.

Vamos a cambiar el tubo de dos pulgadas y tres milímetros por otro mayor.

Lo que tenemos que hacer en este ejercicio es combinar lo aprendido con el tubo de dos pulgadas en 2G y el soldeo con chaflán a penetración completa.

Debe servirnos de toma de contacto para la soldadura de tubería con mayor diámetro en 5 y 6G. Si has llegado hasta aquí, debería resultarte más fácil un tubo de 6 pulgadas que uno de 2. ¡Ánimo!

Figura 2.23.

PRÁCTICA 16. Unión de tubos de cinco pulgadas a tope en posición vertical ascendente PF(5G).

Material base. 2 tubos en acero al carbono de diámetro nominal 150 mm (6 pulgadas) x 40 x 7,92 mm (*schedule* 40).

Diámetro hilo y designación. 0,8/1 mm. ER 70S-3 (AWS A5.18-05) G 46 3 M 2Mo (EN ISO 14341-A:2008).

N.º de cordones. 6 con movimiento recto. La pistola hacia delante o detrás (recomendado en la raíz).

Corriente de soldeo. Raíz 16-18 voltios. Resto 18-21 V.

Velocidad de alimentación del hilo. 4 a 8 metros/minuto.

Caudal de gas. 8-12 litros/minuto de argón/CO_2 (85/15 %).

Modo de transferencia. Cortocircuito o arco pulsado.

Longitud de hilo libre: 5-10 mm para cortocircuito, 15-20 para pulsado.

Biselado. 30-35º en V con 2-2,5 mm de separación y talón de 1,5-2 mm.

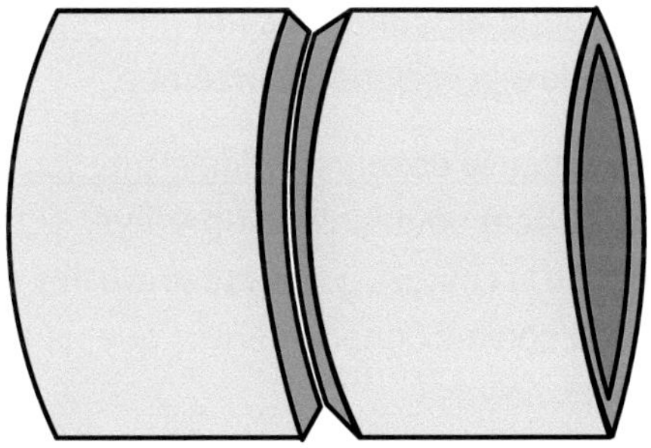

Figura 2.24.

Seguimos con la vertical ascendente para un espesor de 8 mm. Vamos a soldarlo en varias capas, igual que hacíamos en la práctica con pletina en la misma posición a penetración completa.

La técnica. Igual que hicimos en la pasada práctica, hay que poner el tubo en un soporte, a una altura en la que tengamos buen acceso tanto a la parte de abajo como a la de arriba (el tubo no se puede mover durante la soldadura).

Los puntos. Conviene dejar el de abajo justo por detrás del lugar donde empecemos, de tal manera que luego sea fácil eliminarlo cuando soldemos la otra cara. En este primer tramo vamos a soldar el primer cuarto (el espacio entre puntos).

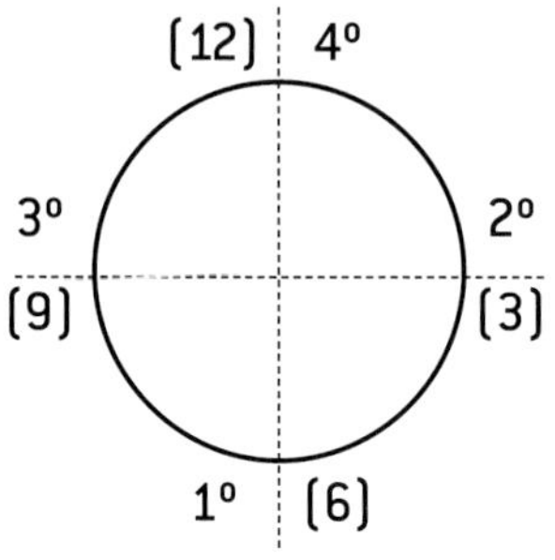

Figura 2.25. *Situación de los puntos respecto a los cuartos de tubo (estos últimos entre paréntesis).*

Todo lo que hemos aprendido en las anteriores prácticas en cuanto a cómo mantener el ojo de cerradura pequeño nos será de gran ayuda aquí.

¡Arrancamos! Enseguida se debería abrir el ojo de cerradura. Para mantener su tamaño podemos ir dando un fino movimiento lateral o delante-detrás, tal y como hacíamos en las otras prácticas. La parte bajo techo se acaba enseguida y la inclinación de la pistola debe ajustarse a cada punto del tubo con un giro de muñeca. Se trata de hacerlo a la vez que avanzamos.

Una vez soldado el primer cuarto observaremos el interior del tubo. ¿Cómo está la penetración? Hay que sacar conclusiones para ver si todo está bien (debe haber fundido los bordes de la costura y alzarse uno o dos milímetros sin defectos) o podemos mejorarla con los conocimientos que ya tenemos ajustando la intensidad al resto de parámetros.

Ahora es el momento de sacar la radial. Con un disco fino vamos a eliminar el punto que dejamos por detrás del lugar donde arranca el cordón n.º 1. Aprovecharemos para esmerilar el principio y el final de este para empalmarlo tal y como hemos hecho en otras posiciones. Recuerda, el trabajo debe ser fino, debemos eliminar solo el punto y dejar el chaflán sin rastro de él, como si nunca hubiera estado ahí.

Hecho esto vamos a soldar otro cuarto, pero por el lado contrario.

¿Por qué nos cambiamos de lado? En estos tubos más grandes es importante ir alternando la soldadura para reducir las deformaciones. Así compensamos las fuerzas a un lado y a otro de la tubería. Vamos entonces a soldar el segundo cuarto intentando mejorar el primero.

La recomendación: sitúate en el lado que vayas a soldar y mantén la cabeza siempre por delante de la pistola. Para ello te vas a tener que mover y conviene que tengas algún apoyo, por ejemplo, un codo sobre el tubo (poniendo un guante o tela ignífuga entre medias).

Ahora nos queda media raíz por soldar. Es el momento de eliminar los puntos n.º 2 y 3 con radial.

Es más que posible que te resulte incómodo o difícil soldar los dos últimos cuartos de tubo de una tirada. Llegando a las 10 o a las 2 el codo ha de estar tan separado del tronco que el avance de la pistola puede hacerse difícil conservando la inclinación de 70º-80º. La recomendación: nos situaremos al lado contrario del tubo y continuaremos realizando el cordón de raíz (antes hay que esmerilar el final para preparar el empalme) con la pistola ligeramente orientada hacia atrás. Así será más fácil mantener la cabeza por delante de la pistola.

¿Qué tal ha quedado? Si hemos sido suficientemente finos, el cordón de raíz habrá ocupado poco espacio por la cara delantera y por la trasera debe aparecer un fino cordón de penetración sin faltas de fusión, y si no, ya lo conseguiremos. Es cuestión de acostumbrarse al nuevo tubo.

Figura 2.26.

2.º cordón. Pistola hacia delante. Se trata de dar una capa, entre 2 y 3,5 mm de espesor, con un cordón de relleno. Arrancaremos abajo e iremos parando a los lados del cordón nº1, cuidando de no recargar demasiado y de mantener todas las variables esenciales (longitud de hilo, avance, inclinación) a la par que vamos avanzando por el chaflán. Una vez ejecutados los cuartos inferiores nos posicionamos al lado contrario, igual que para la raíz.

Cuando cubramos el primer cuarto hay que observar cómo está la raíz. En ningún caso debemos quemarla al dar el n.º 2, si tiene mal aspecto es señal de exceso y habrá que ajustarla en siguientes intentos.

3.er cordón. Al igual que en las otras prácticas, el hilo no debe superar las líneas de la preparación de bordes. Se trata de cubrir el chaflán, no de hacerlo más grande.

Seguramente nuestro primer tubo en 5G tenga cosas que mejorar, pero hay que pensar que haber llegado hasta aquí es señal de que hemos hecho las cosas bien y solo eso ya es una recompensa. Ahora, con paciencia, nos iremos haciendo con ello.

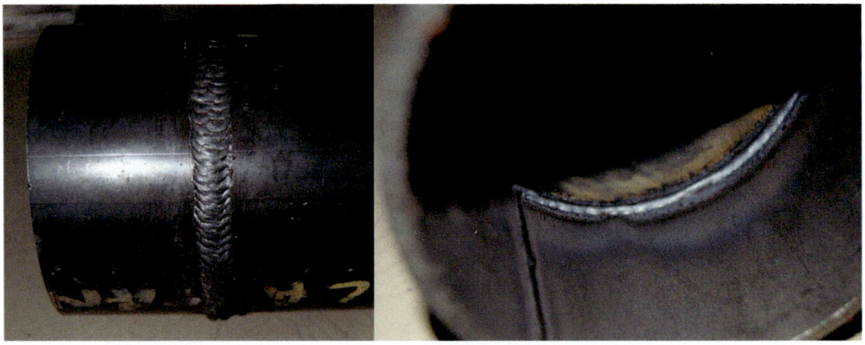

Figura 2.27.

PRÁCTICA 17. Unión de tubos de cinco pulgadas a 45º. H-L045 (6G).

Material base. 2 tubos en acero al carbono de diámetro nominal 150 mm (6 pulgadas) x 40 x 7,92 mm (*schedule* 40).

Diámetro hilo y designación. 0,8/1 mm. ER 70S-3 (AWS A5.18-05) G 46 3 M 2Mo (EN ISO 14341-A:2008).

N.º de cordones. 6 con movimiento recto. La pistola hacia delante o detrás (recomendado en la raíz).

Corriente de soldeo. Raíz 16-18 voltios. Resto 18-21 V.

Velocidad de alimentación del hilo. 4 a 8 metros/minuto.

Caudal de gas. 8-12 litros/minuto de argón/CO_2 (85/15 %).

Modo de transferencia. Cortocircuito o arco pulsado.

Longitud de hilo libre: 5-10 mm para cortocircuito, 15-20 para pulsado.

Biselado. 30-35º en V con 2-2,5 mm de separación y talón de 1,5-2 mm.

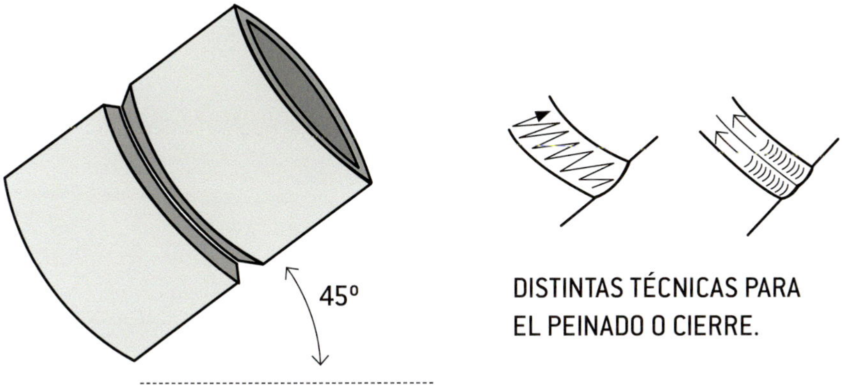

Figura 2.28.

En esta práctica, ejecutar la soldadura de raíz debería ser más fácil, pues el acceso y la visión son algo mejores que en la pasada.

La novedad: en los siguientes cordones hay que proceder igual que en la Práctica n.º 18: en paralelo al suelo para evitar faltas de material en la parte superior y descuelgues en la inferior.

Si no lo consigues no pasa nada, puedes sustituir el peinado a un único cordón por varios con movimiento recto bien solapados (como en 2G).

Si hemos conseguido llegar hasta aquí, solo queda hacer el último esfuerzo. Debemos entender que un ejercicio como este solo es válido si queda bien, no puede haber defectos. Sabemos cuáles son, por qué se producen y tenemos a cuestas muchas horas de prácticas. Podemos hacerlo.

Figura 2.29.

3. Defectos de la soldadura MAG de chapas de acero al carbono

Contenido

3.1. Inspección visual de las soldaduras

En el control de calidad de las soldaduras se conoce como inspección visual a la observación o búsqueda de defectos típicos sin emplear métodos destructivos, usando o no alguna herramienta que colabore en la búsqueda: líquidos penetrantes, partículas magnéticas, rayos X, etc.

En fabricación mecánica se somete a pruebas de control de calidad toda aquella soldadura o cuerpo soldado cuyo fallo pueda tener graves consecuencias: pérdida de vidas, graves desperfectos, caída de estructuras, etc. Nuestro trabajo conlleva, a veces, una gran responsabilidad y, aunque no esté en la intención de nadie fallar, los ensayos de calidad van a confirmar que todo ha ido bien o, en su caso, van a localizar los errores para que se les pueda dar una solución y aprendamos de ellos.

No es raro entre soldadores que se identifique el control de calidad como el enemigo, pero es un error verlo así, si de verdad uno se lo cree y la cosa va más allá de una broma para relajar la tensión que supone que alguien revise tu trabajo. En realidad, en parte es una descarga de responsabilidad para el soldador que pasa a ser asumida por el ICS.

Sin los controles de calidad sería mucho más estresante, por ejemplo, botar un barco. Aun con los sentidos al 120 %, en el trabajo siempre hay algo que se escapa a nuestro control. La autoestima no tiene por qué resentirse, debemos asumir que la soldadura es una ciencia joven que todavía no dominamos. Hay cosas que se nos pueden pasar, como personas falibles que somos, o que podemos hacer mal por no saber: de corregir los fallos se ocupa la experiencia, de reconocerlos para crecer (personal y profesionalmente) la humildad, y del desconocimiento, la formación continua que debe perseguir y recibir el soldador.

3.2. Ensayos utilizados para la detección de errores en la soldadura MAG

A través del control de calidad de la soldadura se obtiene la información necesaria para confirmar que las uniones son válidas para realizar el servicio para el que están diseñadas.

Estos ensayos los realiza el Inspector de Construcciones Soldadas (ICS) a pie de obra o personal cualificado en el laboratorio metalográfico.

El objetivo es localizar e identificar fallos en la unión derivados del soldeo que sean lo suficientemente graves como para rechazar ese cordón.

A día de hoy la soldadura libre de fallos no existe y se asume, pero la cantidad y magnitud de estos debe estar dentro de lo que definen las especificaciones técnicas o el diseño. El estudio de esos errores proporciona información sobre cómo afecta la soldadura a los materiales y hace que aprendamos a reducirlos. Combinando los datos de su estudio con los de la resistencia del material base antes del soldeo se obtienen los valores de referencia para determinar si un cordón supera o no un control de calidad.

Los métodos de ensayo se dividen en dos:

1. No destructivos. Aquellos que no tienen ningún efecto sobre la soldadura y comprueban la calidad de cordones de servicio sin que quede rastro de ellos.

   Los defectos que detectan son superficiales (grietas, fisuras, cráteres, mordeduras…) o internos (poros, faltas de fusión, inclusiones…), utilizando distintos métodos que vamos a ver brevemente:

   Inspección visual.

   El ICS busca en los cordones cualquier defecto importante que pueda comprometer la calidad de la soldadura.

   Líquidos penetrantes.

   Se utiliza un líquido de color muy vivo (a veces fluorescente) para identificar cualquier fallo en las superficies de los materiales.

   El proceso, en general, funciona así: después de limpiar bien la pieza a analizar, se rocía con el líquido de color (suele venir en espray); hecho esto, se elimina el exceso con papel o un paño de algodón, sin frotar, aplicando el papel y dejando que se empape (igual que mojar pan en un huevo). Por último se deja actuar durante un espacio de 15-20 minutos.

   Al cabo de ese tiempo se aplica un espray limpiador (con base de alcohol) y se elimina el líquido coloreado con la ayuda de un paño.

   Una vez limpio se le aplica un último espray, el revelador. Suele ser de color blanco para resaltar cualquier punto donde el líquido coloreado se haya introducido (penetra por capilaridad en cualquier resquicio).

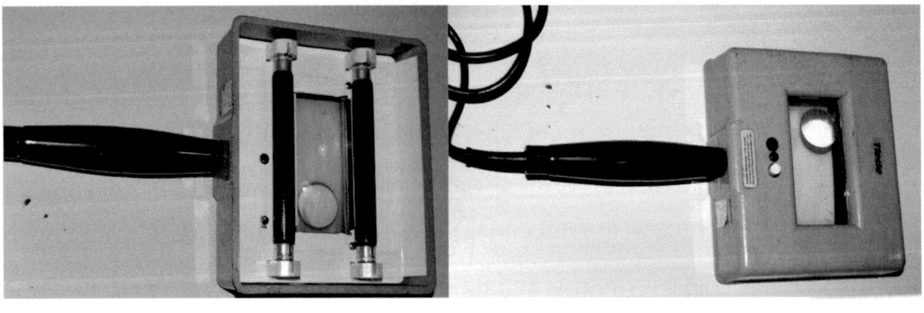

Figura 3.1.

Si los líquidos eran fluorescentes se debe utilizar una lámpara de luz ultravioleta para observar con detalle esos defectos.

¿Qué entendemos por "capilaridad"? Un líquido es capaz de mojar un cuerpo cuando la fuerza de cohesión entre sus moléculas es menor que la de adhesión del líquido con el material, como en este caso o el del agua. El caso contrario es el del mercurio, elemento que se presenta en estado líquido, pero que no moja, porque no se adhiere al material por la alta cohesión de sus moléculas.

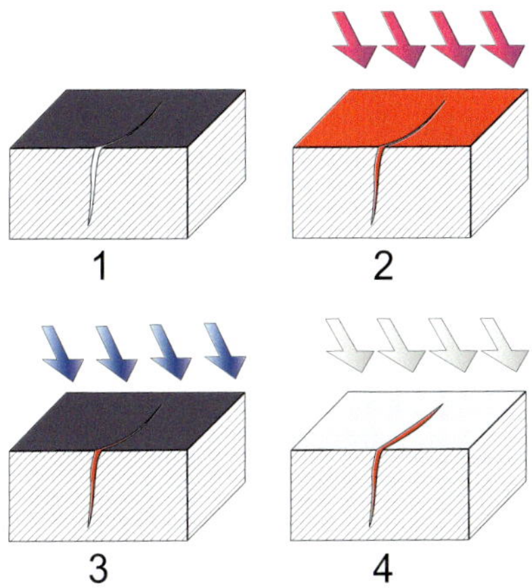

1. Material que presenta una grieta.
2. La superficie del material se cubre con penetrante.
3. Se elimina el exceso de penetrante.
4. Se aplica el revelador, volviéndose visible el defecto.

Figura 3.2. *Autor: Romary Juillet/July 2006. Licencia de Creative Commons Attribution-Share Alike 3.0 Unported*

Partículas magnéticas.

Se limpia su superficie y se le aplica un espray de partículas ferromagnéticas muy finas, las cuales, al paso de una corriente, se concentran sobre los defectos. Utilizando un yugo electromagnético (fijo o portátil) se hace pasar la corriente por el cuerpo soldado al que se quiere hacer el ensayo.

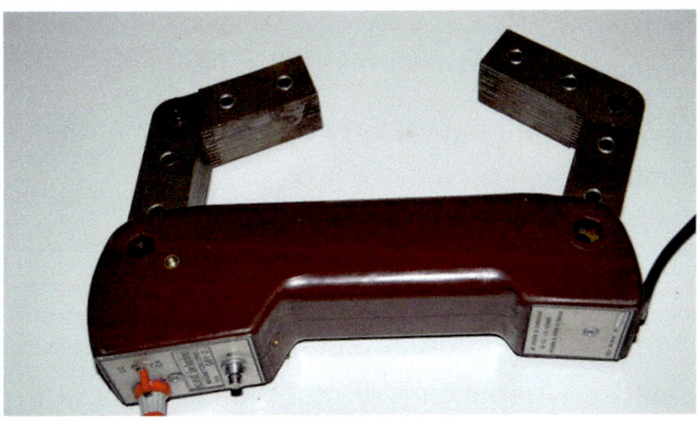

Figura 3.3.

En la zona del defecto se produce una distorsión al paso de la corriente. Las líneas de flujo alteran su trayectoria y eso hace que las partículas magnéticas se acumulen es ese punto revelando el defecto.

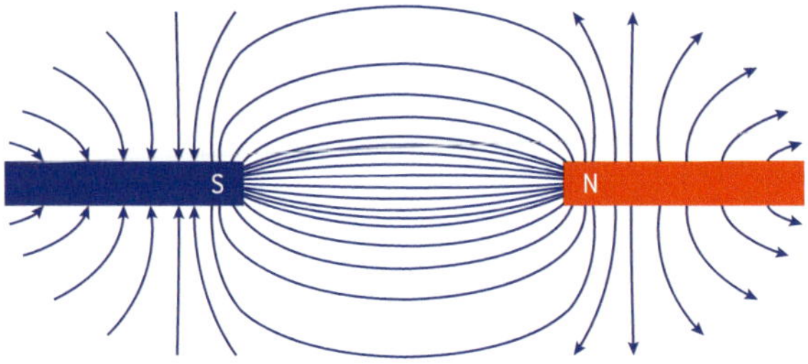

Figura 3.4.

Este método solo se puede utilizar con materiales ferromagnéticos como el acero, fundiciones y algunas aleaciones de cobre, níquel, aluminio y magnesio.

Se debe tener en cuenta que el defecto puede no revelarse, si no se encuentra en la dirección de las líneas de flujo.

Algunas ventajas con respecto a los líquidos penetrantes son:

- El resultado es muy fiable y se obtiene rápidamente.
- Resulta más económico y rápido.
- Requiere menos limpieza.
- Si el equipo es portátil, es fácil de adaptar a la pieza.
- Detecta también defectos por debajo de la superficie (5 milímetros de profundidad aproximadamente).

Algunas desventajas:

- Si el material es rugoso, puede dar indicaciones erróneas.
- Utiliza una fuente de alimentación que hay que manipular con cuidado por riesgo de contacto eléctrico.

Ultrasonidos.

Hasta ahora hemos visto cómo detectar defectos superficiales o situados a poca profundidad. La inspección ultrasónica detecta también los defectos internos.

En los equipos actuales el equipo emite ondas ultrasónicas producidas por su transductor, alojado dentro del palpador, el cual se excita por el paso de la corriente y emite ultrasonidos que se propagan por la pieza (la electricidad se transforma en energía mecánica). Al alcanzar las ondas el final del material, son reflejadas y vuelven captándose de nuevo por el transductor. Esa señal se interpreta por el operador en un aparato llamado osciloscopio. El sistema mide el tiempo que las ondas tardan en atravesar el material. Cuando el sonido se refleja en los defectos y vuelve, permite localizar su situación.

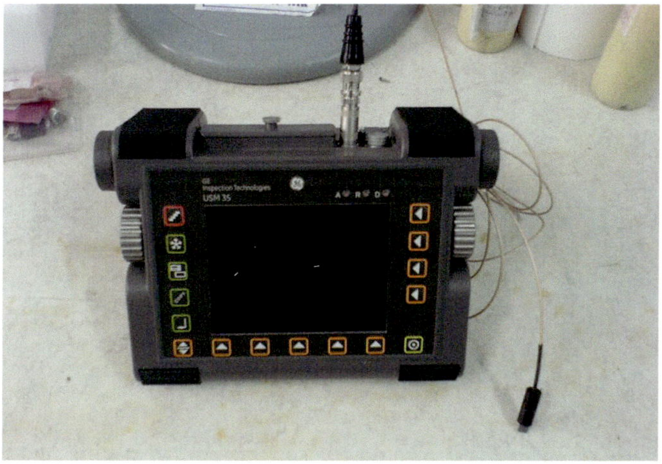

Figura 3.5. *Equipo portátil de ultrasonidos. Autor: Plenumchamber. Licencia libre.*

Dependiendo de la frecuencia que se seleccione (generalmente de 0,25 a 25 MHz) y del tipo de palpador, se van a detectar defectos profundos o superficiales, ya que por el camino las ondas van perdiendo intensidad.

El sonido de alta frecuencia se propaga por el aire con dificultad, de modo que se suele aplicar un gel entre el palpador y la pieza para ayudar a pasar de uno a otra (o viceversa) a través de un medio más adecuado.

Rayos X.

La inspección radiográfica se basa en la capacidad de transmisión de la radiación (absorción). Las zonas con menor espesor o densidad transmiten más porque absorben menos cantidad de radiación. Poniendo una película fotosensible al otro lado de la pieza se queda impresa en ella una imagen del interior de la probeta. Cuando la radiación pasa a través de la soldadura, las zonas de baja absorción (los defectos) se ven más oscuras al revelar la película y las áreas que absorben más se ven más claras.

Los rayos X son electrones que, viajando a alta velocidad, penetran en el material. Estos electrones se crean haciendo pasar una corriente a través de un filamento incandescente (similar al sistema TIG) que se encuentra en un recipiente en el que previamente se hace el vacío.

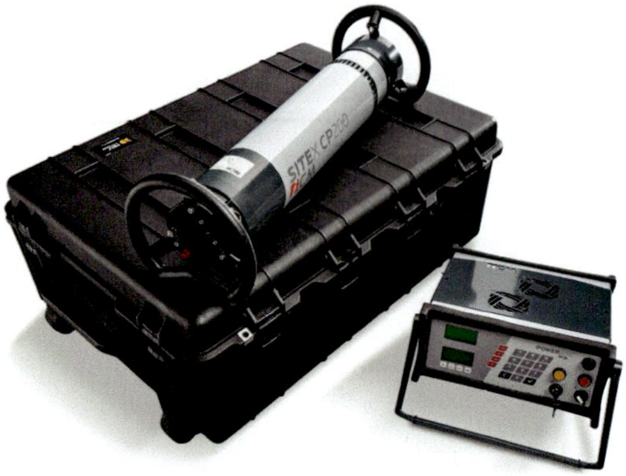

Figura 3.6. *Generador de rayos X. Gentileza de* ***ICM X-ray.***

La formación del operador técnico lleva un tiempo medio-largo, su habilidad para interpretar los resultados es muy importante y ayuda que tengan conocimientos sobre soldadura.

Se pueden usar rayos X, gamma o bombardeo de neutrones de alta energía, pero en cualquier caso la radiación no permanece en la pieza, si se opera correctamente.

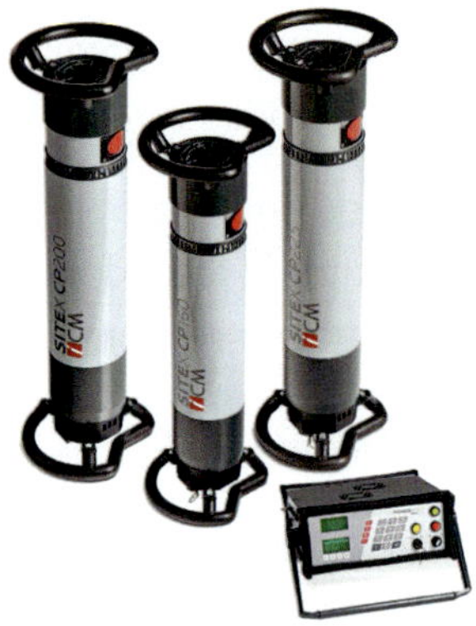

Figura 3.7. *Gentileza de* ***ICM X-ray.***

Los equipos de rayos X son mas caros y requieren electricidad. Son menos portátiles, pero son válidos para todos los metales y las imágenes tienen muy buena calidad.

Los equipos de rayos gamma son más portátiles y baratos, no tienen riesgo por contacto eléctrico, pero requieren recalibrarse o reemplazar los isótopos y la calidad de imagen es inferior en comparación.

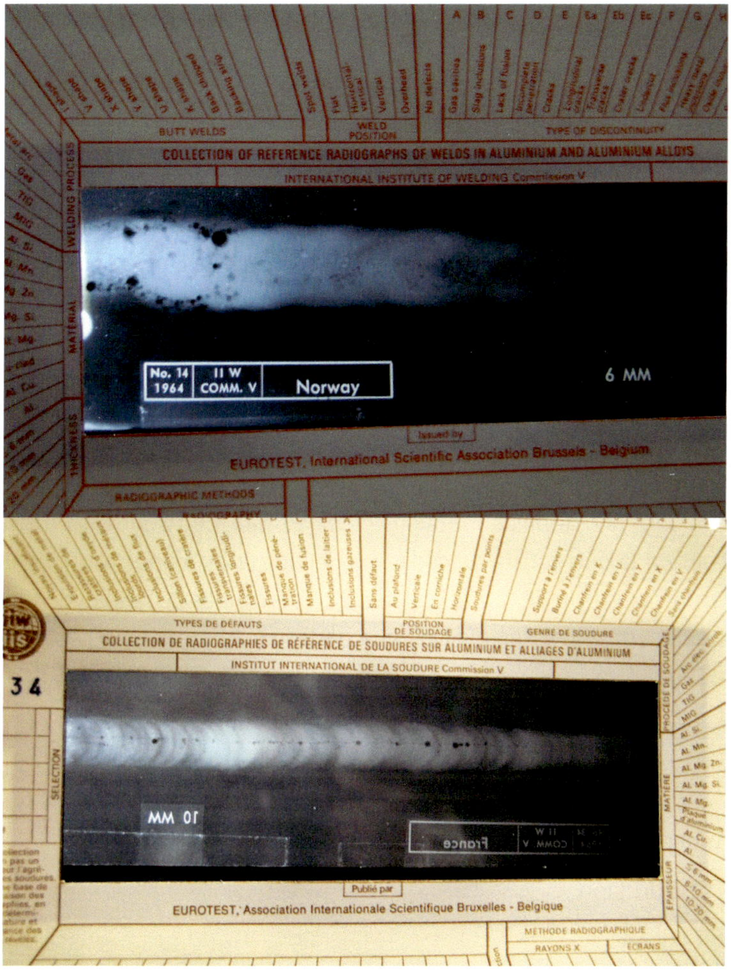

Figura 3.8. *Ejemplo de control de defectos mediante ensayo de radiografía. En la imagen superior inclusiones de gas, en la inferior falta de penetración con alguna inclusión.*

2. Ensayos destructivos. Al contrario que los anteriores, miden la resistencia de las uniones soldadas a base de producir daños irreversibles a estas. Las probetas se cortan en tiras y se somete a cada una a distintos ensayos o pruebas acordes al tipo de unión. En los resultados de las pruebas es muy importante tener en cuenta los valores por zonas diferenciadas: unión soldada, zona afectada por el calor y metal base.

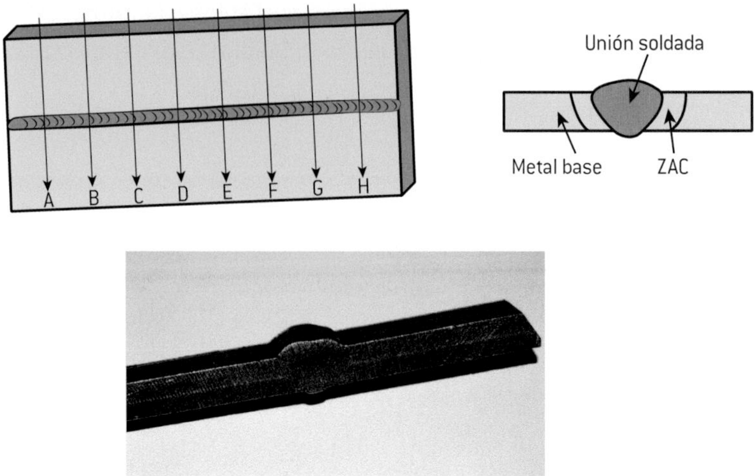

Figura 3.9.

Algunos de los ensayos destructivos que se aplican a las muestras o tiras de probetas son:

- Metalografía o análisis metalográfico. Permite, con ayuda del microscopio, observar la estructura de cada una de las zonas a analizar y, por ejemplo, identificar el tipo de metal o aleación, determinar la calidad de fabricación de este u observar los efectos que tiene la soldadura en su estructura molecular.
- Ensayos para determinar las propiedades mecánicas de los metales soldados. A través de diversas pruebas se obtiene información del comportamiento de los metales ante distintos esfuerzos que simulan los que van a tener de servicio:
  - Compresión.
  - Tracción.
  - Plegado.
  - Dureza.
  - Resiliencia.
  - Fatiga.
  - Resistencia a la cizalla.
  - Torsión.
  - Flexión.
  - Fluencia en caliente.

3.3. Tipos de defectos más comunes. Factores a tener en cuenta. Causas y correcciones de los defectos

Hemos visto cómo a través de los ensayos se pueden localizar los defectos de las soldaduras o los materiales, a continuación vamos a ver cuáles son esos errores para aprender a identificarlos.

En la inspección visual de soldadura se conocen en general como *Discontinuidades.* Para distinguirlas entre ellas se agrupan según su causa:

1. **Dimensionales:**

   - Sobreespesor. Demasiada altura en penetración o cordón de cierre, generalmente por exceso de aporte.

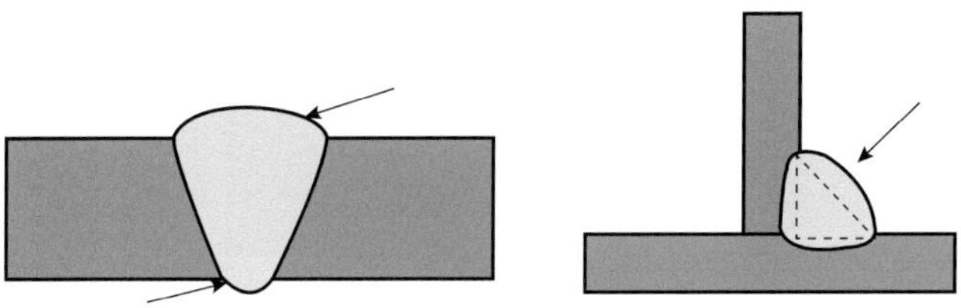

Figura 3.10.

   - Concavidad en raíz. Depresión en el cordón de penetración. Si la corriente es baja, el avance es lento y el calor se propaga a los bordes, que se desmoronan y se "rechupan". También puede ocurrir por combinación de exceso de corriente y velocidad de avance inferior a la necesaria para que no lleguen a calentarse los bordes: fundir rápidamente, aportar lo justo sin cargar apenas el cordón de material y avanzar debe ser nuestro objetivo para conseguir raíces sanas y cordones con aspecto de escama de pez.

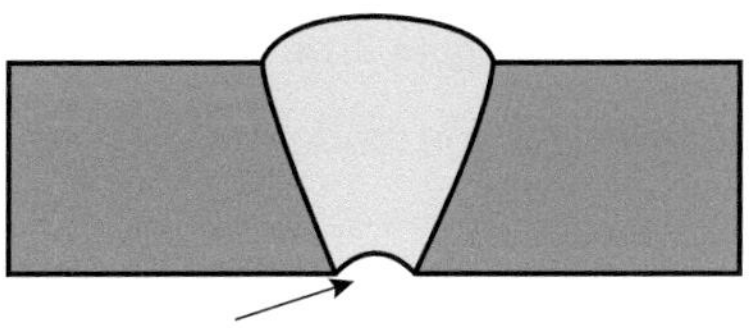

Figura 3.11.

   - Penetración incompleta. Falta de fusión en la penetración. Estos problemas se producen por falta de corriente en algunos casos, por mal diseño de la preparación de bordes (chaflán muy cerrado, talón excesivo, entrehierro escaso, etc.), presencia de óxidos en la unión por falta de limpieza que dificultan la penetración y/o por exceso de aporte.

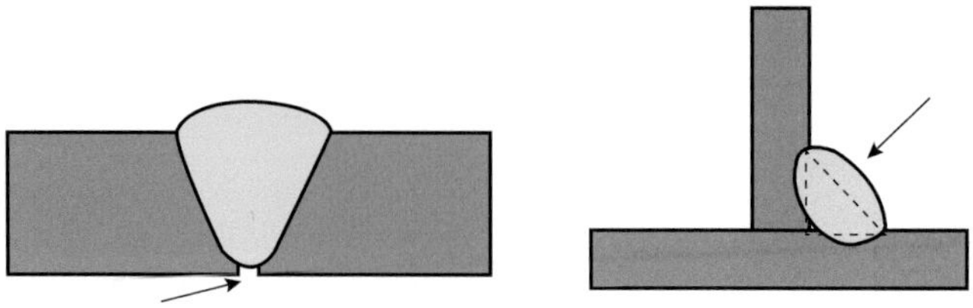

Figura 3.12.

- Desalineamiento. La soldadura produce deformaciones por aportar una gran cantidad de calor. Si no se sujetan las piezas mediante placas auxiliares, o se utilizan puntos fuertes, pueden llegar a desalinearse quedando a distinta altura, aunque la mayoría de las veces ocurre por error en el montaje.

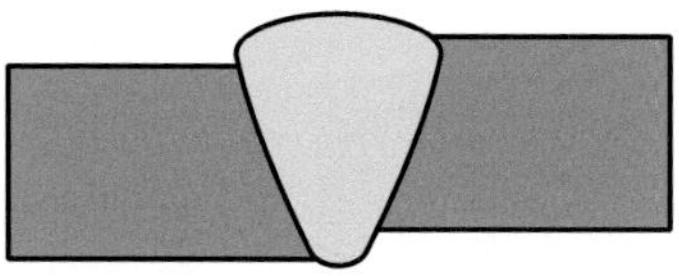

Figura 3.13.

- Garganta insuficiente. El cordón no alcanza la medida indicada en el plano de fabricación. Se deben utilizar las galgas (herramienta para la medida de la garganta) y, si es necesario, dar varias pasadas (capas) hasta alcanzar el valor requerido.

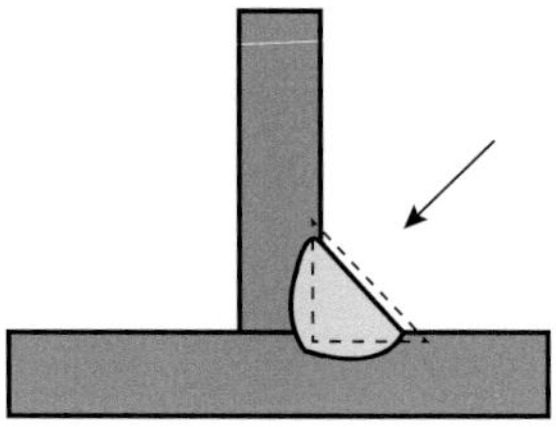

Figura 3.14.

- Translape. Parte del material que se desborda (supera la línea del chaflán).

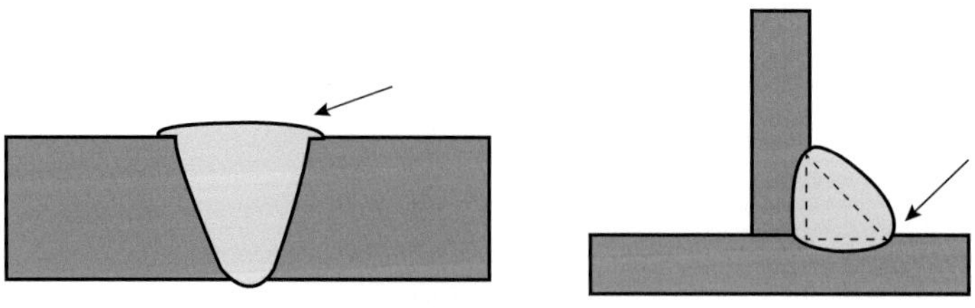

Figura 3.15.

- Socavaduras (mordeduras). Producidas por mala ejecución, como inclinar la pistola en exceso o dificultad para llevar el calor de la pistola al punto adecuado.

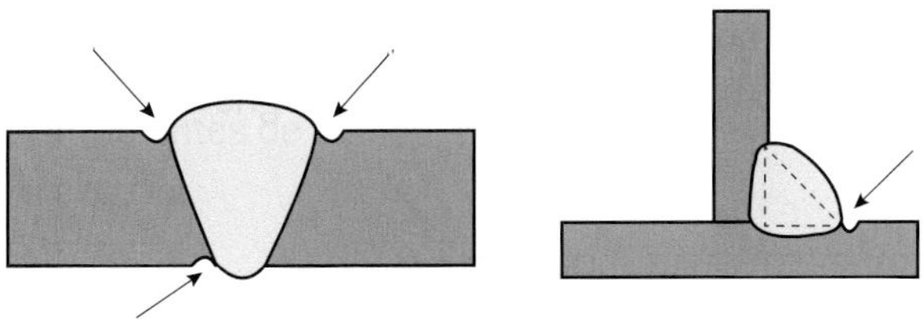

Figura 3.16.

- Falta de material. Puede deberse a un exceso de corriente o a utilizar un hilo de diámetro insuficiente. Puede debilitar la soldadura por concavidad excesiva.

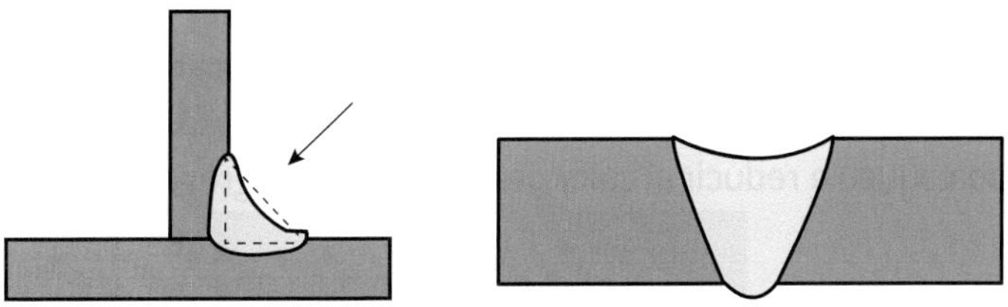

Figura 3.17.

- Falta de simetría. El cordón tiene más base que altura. Es típico de las uniones en ángulo, si se aporta en el centro del baño en lugar de en su punto más alto o fallo en la inclinación de la pistola.

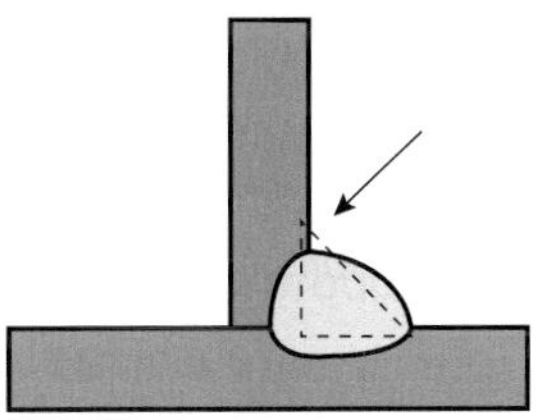

Figura 3.18.

- Deformaciones laterales.

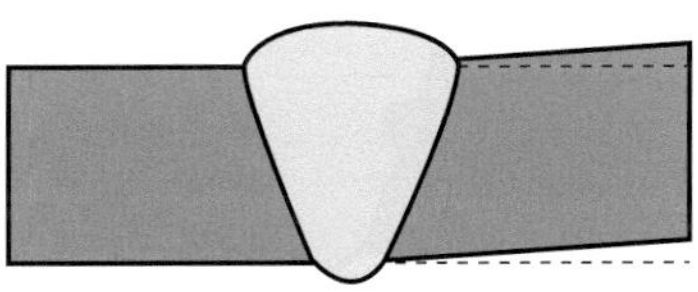

Figura 3.19.

4. Normativa de Prevención de Riesgos Laborales y Medioambientales en la soldadura MAG de chapas de acero al carbono

Contenido

Cualquier trabajador de la soldadura tiene derecho a estar formado en prevención para poder conocer los riesgos a los que está expuesto con su trabajo:

1. Proyecciones y radiaciones que pueden quemar la piel.
2. Alto riesgo de incendio.
3. Inhalación de humos, partículas y gases.
4. Exposición a ruidos y altas temperaturas.
5. Contacto eléctrico.
6. Riesgos ergonómicos.
7. Atrapamientos entre piezas.
8. Golpes o cortes.
9. Caídas al mismo o distinto nivel.
10. Caídas de objetos al manipularlos.

La Ley 31/1995, de 8 de noviembre, de Prevención de Riesgos Laborales adaptó la Directiva Europea en la que se reconoce este derecho de los trabajadores. A través del análisis y evaluación de riesgos se pueden tomar medidas preventivas para tener seguridad en los trabajos de soldadura.

4.1. Evaluación de riesgos en el soldeo MAG. Normas de seguridad y elementos de protección. Utilización de equipos de protección individual

1. **Radiaciones.** El arco eléctrico emite radiación de tres tipos: infrarroja, ultravioleta y luz visible. Esta última puede producir daños en la visión de leves a muy graves por exposición continuada. Las tres en conjunto queman la piel y los ojos, por lo que es necesario protegerse debidamente con pantallas de soldadura de oscuridad adecuada (ver Anexo) y protecciones de soldador (guantes, polainas, manguitos y peto de cuero, así como ropa ignífuga específica para trabajos de soldadura y de manga larga).

2. **Riesgo de incendio.** El calor generado por el arco eléctrico puede producir fuego, si trabajamos cerca de sustancias inflamables, ambientes sobreoxigenados por uno de oxicorte, etc.

3. **Inhalación de humos, partículas y gases.** El material de aportación genera humos, pero además contiene elementos desoxidantes, fundentes, óxi-

dos que se forman en el momento de la soldadura, CO, ozono... y parte de ello pasa a la atmósfera que respira el soldador junto con polvo, partículas metálicas, etc. En el caso de la soldadura de los aceros inoxidables con electrodo o MIG, los humos contienen partículas de cromo y níquel, de los que el cromo es el más tóxico. Con TIG no se genera tanto humo, pero sí mucho ozono.

El corte con plasma puede emitir óxidos de nitrógeno nocivos.

En la soldadura MAG se utiliza CO2 puro o mezclado generalmente con argón como gas de protección. Durante la soldadura, el CO2 se puede convertir en monóxido de carbono y concentrarse en gran cantidad alrededor del casco.

Figura 4.1. *Pantalla de soldadura combinada con Equipo de Protección Respiratoria 3MTM ADFLO. Gentileza de* ***3M*** *(Todos los derechos reservados 3M).*

El dióxido de nitrógeno y el óxido nítrico, cuya inhalación en altas concentraciones es peligrosa, son ejemplos de gases que se forman cuando se suelda con alto amperaje y elevadas temperaturas.

Por todas estas razones es necesario utilizar sistemas de extracción de humos localizados (que estén junto a la probeta) y mascarilla o equipos de protección respiratoria.

4. **Ruidos.** Si se superan los 80 dB (decibelios), como es normal en un taller, se deben utilizar tapones y protección para los oídos para prevenir la pérdida de audición y otros trastornos.

5. **Altas temperaturas.** La exposición prolongada puede producir agotamiento, deshidratación, golpes de calor y pérdida del conocimiento. En condi-

ciones de extremo calor hay que hidratarse, estar alerta ante cualquier síntoma y disminuir la intensidad del trabajo, sobre todo en las horas de más calor.

6. **Contacto eléctrico.** Desde el equipo de soldadura se pueden producir derivaciones de corriente o cortocircuitos. Por el alto riesgo de contacto directo se debe revisar el estado de los cables y la instalación eléctrica frecuentemente, conectar el equipo a tierra, utilizar guantes secos, calzado aislante y la máquina ha de estar en buen estado.

7. **Riesgos ergonómicos.** Se refiere a esfuerzos, movimientos repetitivos, permanecer mucho tiempo de pie, posturas forzadas, etc., que puedan producir a medio plazo contracturas, dolores cervicales o lesiones.

Hay que procurar que las manos no se calienten bruscamente alternando la soldadura con otras tareas y utilizar equipos de protección individual (EPI) como cinturones lumbares para cargas, adoptar buenas posturas al hacer esfuerzos, vigilar las malas posturas cervicales, etc.

Figura 4.2. *Sistema de acoplamiento rápido a casco 3MTM QR. Gentileza de* ***3M*** *(Todos los derechos reservados 3M).*

8. **Atrapamientos entre piezas.** Existe el riesgo de que la ropa, el pelo suelto, las cadenas, pulseras, anillos, etc., queden atrapados en una máquina, arrastrándonos con ellos, motivo por el que se debe trabajar sin portar nada de esto, recogerse el pelo y abrocharse la ropa como precaución.

9. **Cortes.** Sobre todo la radial se debe manipular siempre desenchufada, asegurándonos de que los discos estén bien fijados.

10. **Caídas al mismo o a distinto nivel.** El taller debe estar bien iluminado, con la señalización visible y la herramienta ordenada. El suelo debe estar limpio y en buen estado y el calzado debe ser antideslizante.

11. **Impacto de partículas en los ojos.** Tenemos que utilizar gafas de protección cuando manipulamos herramientas tales como radiales, taladros, tornos, etc., y también cuando retiramos la escoria.

    Para trabajar con radial se recomienda el uso de pantalla facial transparente.

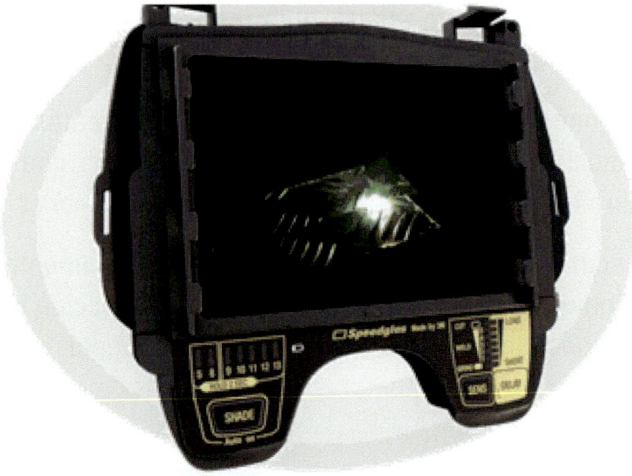

Figura 4.3. *Filtro Speedglas 9100 XX con botón exterior para activar o desactivar el modo esmerilado, óptica mejorada y auto ON/OFF. Gentileza de* ***3M*** *(Todos los derechos reservados 3M).*

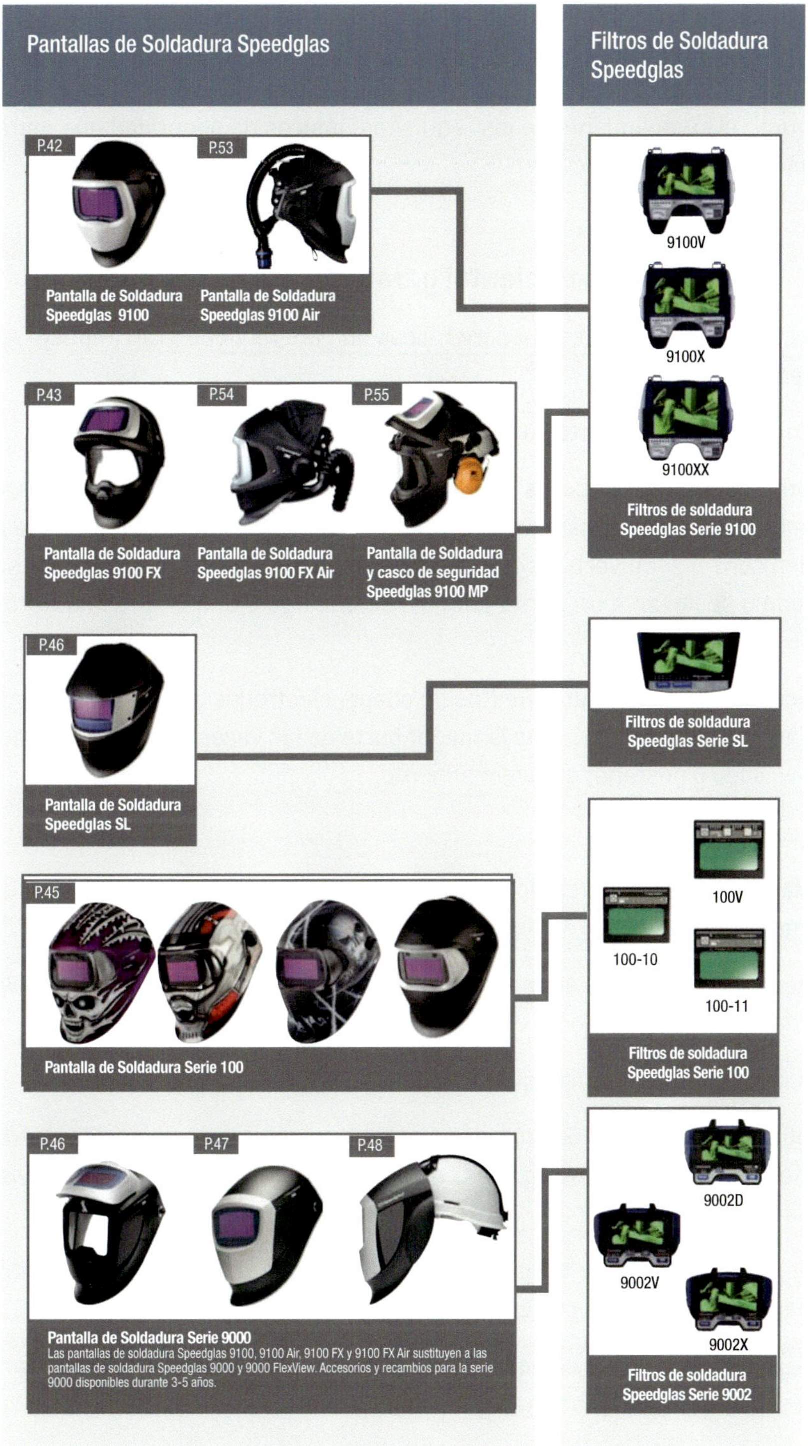

Figura 4.4. *Equipos de protección para soldadura. Gentileza de **3M** (Todos los derechos reservados 3M).*

En Europa, todo equipo de protección personal debe tener marcado CE y ser de conformidad con la Directiva 89/686/CEE de EPI antes de que pueda ser puesto en el mercado. El EPI debe estar en conformidad con las normas nacionales que aseguren el cumplimiento de los requisitos básicos de seguridad que marca la directiva.

4.2. Gestión medioambiental y tratamiento de residuos

El sector de las construcciones metálicas en general tiene gran impacto sobre el medioambiente:

1. **Contaminación directa.** Ruido, radiación, partículas, gases, calor, etc.
2. **Utilización de productos químicos.** Taladrinas, aceites, desengrasantes, líquidos antiproyecciones, etc., que una vez terminada su vida útil se pueden convertir en vertidos tóxicos y peligrosos, si no se desechan por separado y se llevan a un punto limpio o se encarga a una empresa autorizada su recogida.
3. **Generación de residuos.** Restos de chapa, electrodos y herramientas gastadas, viruta metálica... que la mayor parte de las veces no se separa para su reciclado y posterior aprovechamiento.

En general se debe:

1. Mantener en buen estado los equipos, ya que reduce emisiones y ahorra energía.
2. Reutilizar los restos de metales para embridar y otras operaciones y desecharlos en contenedores específicos para su recogida como chatarra.
3. Apagar cualquier equipo que no se esté utilizando.
4. Utilizar las pantallas de protección colectiva para la contaminación por radiación y aspiraciones localizadas con filtro de humo y partículas que devuelva aire limpio.
5. Separar las zonas de trabajo de las que generan ruido y dejar estas últimas para lugares específicos con cabinas insonorizadas.
6. Separar los residuos en general para reciclar. Utilizar contenedores cerrados y separados para taladrinas y residuos tóxicos.
7. No malgastar agua.

5. Anexo

Proceso de soldadura	Corriente en Amperios A																				
	1.5	6	10	15	30	40	60	70	100	125	150	175	200	225	250	300	350	400	450	500	600
MMAW (electrodos recubiertos)	8						9		10		11		12			13			14		
MAG	8							9	10		11			12				13			
TIG			8		9			10		11			12			13					
MIG								9		10		11			12		13		14		
MIG con aleaciones ligeras										10		11		12		13		14			
Corte arco-aire	10											11	12		13		14		15		
Corte por plasma									9	10	11	12			13						
Arco de soldadura con Microplasma	4	5		6		7	8		9	10		11		12							
	1.5	6	10	15	30	40	60	70	100	125	150	175	200	225	250	300	350	400	450	500	600

La tabla recomienda mejor un filtro de soldadura de tono oscuro para diversas aplicaciones de trabajo.
De acuerdo con las condiciones de uso, también se puede utilizar el tono superior e inferior en la escala.

Figura 5.1. *Oscuridad de filtro según proceso.*
Gentileza de 3M España (Todos los derechos reservados 3M).

Modo de suministro	Aplicación	Gases disponibles	
Botellas 	Las botellas son una solución flexible y portátil. Todos los gases y mezclas de gases están disponibles en una gama de prácticos tamaños de botella, incluida la exclusiva botella Integra®, nuestra botella más segura.	■ Acetileno ■ Argón ■ Dióxido de carbono ■ Helio ■ Hidrógeno ■ Nitrógeno ■ Oxígeno	■ Gases de protección y otras mezclas de altas prestaciones
Bloques de botellas de gran volumen 	Los bloques de botellas son un modo de suministro seguro y cómodo para los usuarios de gases de gran volumen. También hay disponibles, en todo el mundo, bloques de botellas con la certificación DNV*, especialmente diseñados para las plataformas marinas. * Det Norske Veritas	■ Acetileno ■ Argón ■ Dióxido de carbono ■ Helio ■ Hidrógeno ■ Nitrógeno ■ Oxígeno	■ Gases de protección y otras mezclas de altas prestaciones.
Soluciones CryoEase® 	Se trata de una alternativa de suministro de gases para grandes cantidades de botellas. Los depósitos CryoEase® son pequeños y fáciles de instalar. Están disponibles en diversos tamaños y deberían considerarse cuando la demanda alcance o exceda las 10 botellas al mes.	**Servicio CryoEase® a presión estándar:** ■ Argón ■ Dióxido de carbono ■ Nitrógeno ■ Oxígeno	Depósitos para suministro de gas puro o para mezcla con otros gases con el fin de obtener mezclas de protección y de altas prestaciones en la misma planta. **Servicio CryoEase® a alta presión:** ■ Nitrógeno
Gases licuados 	Los depósitos en planta son la mejor opción para los usuarios de grandes volúmenes. Ofrecemos soluciones completas "llave en mano" para cualquier aplicación. Nuestros ingenieros diseñan y ponen en marcha instalaciones conforme a los estándares más exigentes. Nuestro sistema de telemetría opcional supervisa el consumo y emite pedidos de forma automática para garantizar que la producción no se detenga.	**Gases Licuados:** ■ Argón ■ Dióxido de carbono ■ Nitrógeno ■ Oxígeno **Gases Licuados a alta presión:** ■ Argón ■ Oxígeno ■ Nitrógeno	**Otros productos** ■ Helio ■ Hidrógeno Depósitos para suministro de gas puro o para mezcla con otros gases con el fin de obtener mezclas de protección y de altas prestaciones en la misma planta.

Figura 5.2. *Gentileza de* ***CARBUROS METÁLICOS.***

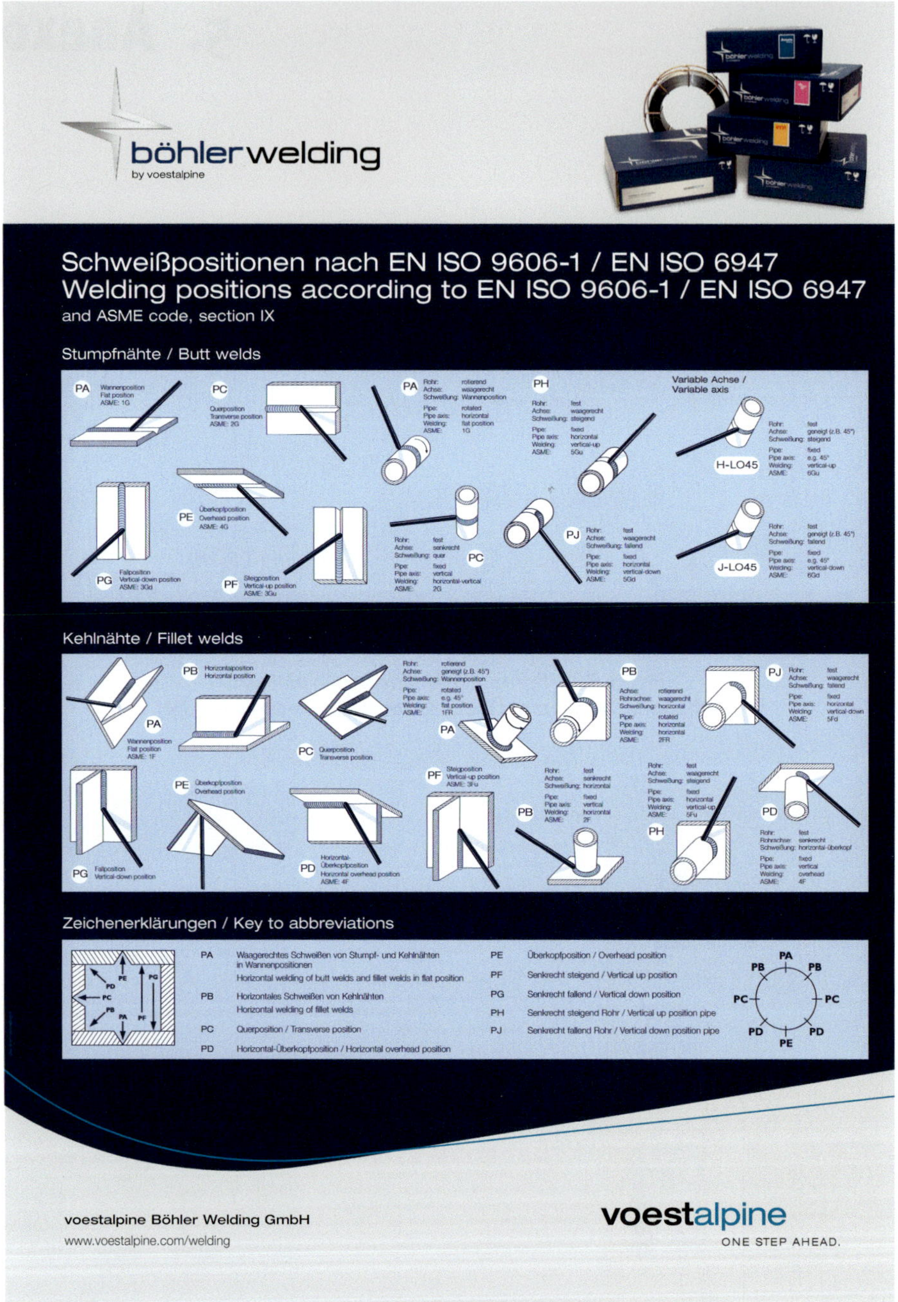

Figura 5.3. *Posiciones de soldadura según norma europea. Gentileza de* ***VOESTALPINE BÖHLER WELDING.***

Mild Steel Filler Metals – GMAW Solid Wires

EN ISO 14341-A:2008:	G3Si1 (Draht)
EN ISO 14341-A:2008:	G 42 4 M G3Si1
	G 42 4 C G3Si1
EN ISO 14341-B:2008:	G 49A 4U M G6
	G 49A 4U C G6
AWS A5.18-05:	ER70S-6
AWS A5.18M-05:	ER48S-6
W.No:	1.5125

BÖHLER EMK 6

GMAW solid wire, mild steel

Description

Copper solid wire suited for universal GMAW application in structural steel engineering, and provides excellent feeding characteristics.
Thanks to the good mechanical properties this filler wire is optimally suited for welding thick-walled components.
The non copper coated version of the solid wire BÖHLER EMK 6 TOP is designed for low spatter formation and excellent feeding properties for extremely high wire feed rates. These types are especially suited for robotic welding.

Typical Composition of Solid Wire

	C	Si	Mn
Wt-%	**0.08**	**0.9**	**1.45**

Mechanical Properties of All-weld Metal

(*)		u		u2		s	
Yield strength R_e N/mm² (MPa):		**440**	(≥ 420)	**440**	(≥ 420)	**380**	(≥ 360)
Tensile strength R_m N/mm² (MPa):		**530**	(500 - 640)	**540**	(500 - 640)	**490**	(470 - 590)
Elongation A (L_o = $5d_o$) %:		**30**	(≥ 24)	**29**	(≥ 22)	**30**	(≥ 22)
Impact work ISO-V KV J	+ 20 °C:	**160**	(≥ 90)	**120**	(≥ 70)	**160**	(≥ 90)
	- 40 °C:	**80**	(≥ 47)	**50**	(≥ 47)		(≥ 47)

(*) *u untreated, as-welded – shielding gas Ar + 15 - 25 % CO_2*
u2 untreated, as-welded – shielding gas 100 % CO_2
s stress relieved, 620 °C/2 h – shielding gas Ar + 15 - 25 % CO_2

Operating Data

shielding gases:
Argon + 15 - 25 % CO_2
100 % CO_2

ø mm
0.8
1.0
1.2
1.6

=+

Base Materials

steels up to a yield strength of 420 N/mm² (60 ksi)

S235J2G3 - S355J2G3, E360, P235T1-P355T1, P235G1TH, L210, L290MB, P255G1TH, P235GH, P265GH, P295GH, P310GH, P255NH, S235JRS1 - S235J4S, S355G1S - S355G3S, S255N - S385N, P255NH-P385NH, GE200-GE260

ASTM A27 a. A36 Gr. all; A106 Gr. A, B A214; A242 Gr. 1-5; A266 Gr. 1, 2, 4; A283 Gr. A, B, C, D; A285 Gr. A, B, C; A299 Gr. A, B; A328; A366; A515 Gr. 60, 65, 70; A516 Gr. 55; A556 Gr. B2A; A570 Gr. 30, 33, 36, 40, 45; A572 Gr. 42, 50; A606 Gr. all; A607 Gr. 45; A656 Gr. 50, 60; A668 Gr. A, B; A907 Gr. 30, 33, 36, 40; A841; A851 Gr. 1, 2; A935 Gr. 45; A936 Gr. 50

Approvals and Certificates

TÜV-D (3036.), DB (42.014.11), ÖBB, TÜV-A (83), ABS (3SA, 3YSA), CWB (X), DNV (III YMS), GL (3YS), LR (3S, 3YS H15), LTSS, SEPROZ, CE

Figura 5.4. *Gentileza de **VOESTALPINE BÖHLER WELDING.***

Mild Steel Filler Metals – GMAW Solid Wires

BÖHLER EMK 7

GMAW solid wire, mild steel

EN ISO 14341-A:2008:	G4Si1 (for wire)
EN ISO 14341-A:2008:	G 46 4 M G4Si1 G 46 4 C G4Si1
EN ISO 14341-B:2008:	G 55A 4U M G6 G 55A 4U C G6
AWS A5.18-05:	ER70S-6
AWS A5.18M-05:	ER48S-6
W.No:	1.5130

Description

Copper solid wire used for GMAW of structural components with increased strength requirements.

BÖHLER EMK 7 is designed for semi-automatic and robotic welding and provides excellent feeding characteristics.

Typical Composition of Solid Wire

	C	Si	Mn
Wt-%	**0.10**	**0.9**	**1.75**

Mechanical Properties of All-weld Metal

(*)		u		u1		s
Yield strength R_e N/mm² (MPa):		**480**	(≥ 460)	**470**	(≥ 460)	**420**
Tensile strength R_m N/mm² (MPa):		**590**	(530 - 680)	**580**	(530 - 680)	**540**
Elongation A ($L_0 = 5d_0$) %:		**26**	(≥ 22)	**29**	(≥ 22)	**28**
Impact work ISO-V KV J	+ 20 °C:	**120**	(≥ 80)	**110**	(≥ 70)	**130**
	- 40 °C:		(≥ 47)			**65**

(*) *u untreated, as-welded – shielding gas Ar + 15 - 25 % CO_2*
u1 untreated, as-welded – shielding gas 100 % CO_2
s stress relieved, 600 °C/2 h – shielding gas Ar + 15 - 25 % CO_2

Operating Data

shielding gases:
Argon + 15 - 25 % CO_2
100 % CO_2

ø mm
1.0
1.2

=+

Base Materials

steels up to a yield strength of 460 N/mm² (67 ksi)

S235J2G3 - S355J2G3, E360, P235T1-P355T1, P235G1TH, P255G1TH, P235GH, P265GH, P295GH, P310GH, P255NH, S235JRS1 - S235J4S, S355G1S - S355G3S, S255N - S460N, P255NH-P460NH, GE200-GE260

ASTM A27 a. A36 Gr. all; A106 Gr. A, B A214; A242 Gr. 1-5; A266 Gr. 1, 2, 4; A283 Gr. A, B, C, D; A285 Gr. A, B, C; A299 Gr. A, B; A328; A366; A515 Gr. 60, 65, 70; A516 Gr. 55; A556 Gr. B2A; A570 Gr. 30, 33, 36, 40, 45; A572 Gr. 42, 50; A606 Gr. all; A607 Gr. 45; A656 Gr. 50, 60; A668 Gr. A, B; A907 Gr. 30, 33, 36, 40; A841; A851 Gr. 1, 2; A935 Gr. 45; A936 Gr. 50

Approvals and Certificates

TÜV-D (3037.), DB (42.014.12 - 20.014.13), ÖBB, CE

Figura 5.5. *Gentileza de* ***VOESTALPINE BÖHLER WELDING.***

Mild Steel Filler Metals – GMAW solid wires

EN ISO 14341-A:2008:	G4Si1 (for wire)
EN ISO 14341-A:2008:	G 46 4 M G4Si1
	G 46 4 C G4Si1
EN ISO 14341-B:2008:	G 55A 4U M G6
	G 55A 4U C G6
AWS A5.18-05:	ER70S-6
AWS A5.18M-05:	ER48S-6
W.No:	1.5130

BÖHLER EMK 8

GMAW solid wire, mild steel

Description

Copper solid wire used for GMAW of structural components with increased strength requirements and is optimally suited for welding thick-walled components.
BÖHLER EMK 8 is designed for semi-automatic and robotic welding and provides excellent feeding characteristics. The non copper coated version of the solid wire BÖHLER EMK 8 TOP is designed for low spatter formation and excellent feeding properties for extremely high wire feed rates. These types are especially suited for robotic welding.

Typical Composition of Solid Wire

	C	Si	Mn
Wt-%	**0.11**	**1.0**	**1.8**

Mechanical Properties of All-weld Metal

(*)		u		u1		s
Yield strength R_e N/mm² (MPa):		**470**	(≥ 460)	**470**	(≥ 460)	**410**
Tensile strength R_m N/mm² (MPa):		**600**	(530 - 680)	**580**	(530 - 680)	**540**
Elongation A ($L_0 = 5d_0$) %:		**26**	(≥ 22)	**29**	(≥ 22)	**28**
Impact work ISO-V KV J	+ 20 °C:	**120**	(≥ 80)	**110**	(≥ 70)	**130**
	- 40 °C:	**50**	(≥ 47)	**50**	(≥ 47)	**70**

(*) *u untreated, as-welded – shielding gas Ar + 15 - 25 % CO_2*
u1 untreated, as-welded – shielding gas 100 % CO_2
s stress relieved, 600 °C/2 h – shielding gas Ar + 15 - 25 % CO_2

Operating Data

shielding gases:
Argon + 15 - 25 % CO_2
100 % CO_2

ø mm
0.8
1.0
1.2

=+

Base Materials

steels up to a yield strength of 460 N/mm² (67 ksi)

S235J2G3 - S355J2G3, E360, P235T1-P355T1, P235G1TH, P255G1TH, P235GH, P265GH, P295GH, P310GH, P255NH, S235JRS1 - S235J4S, S355G1S - S355G3S, S255N - S460N, P255NH-P460NH, GE200-GE260

ASTM A27 a. A36 Gr. all; A106 Gr. A, B A214; A 242 Gr. 1-5; A266 Gr. 1, 2, 4; A283 Gr. A, B, C, D; A285 Gr. A, B, C; A299 Gr. A, B; A328; A366; A515 Gr. 60, 65, 70; A516 Gr. 55; A556 Gr. B2A; A570 Gr. 30, 33, 36, 40, 45; A572 Gr. 42, 50; A606 Gr. all; A607 Gr. 45; A656 Gr. 50, 60; A668 Gr. A, B; A907 Gr. 30, 33, 36, 40; A841; A851 Gr. 1, 2; A935 Gr. 45; A936 Gr. 50

Approvals and Certificates

TÜV-D (3038.), DB (42.014.05), ÖBB, ABS (3SA, 3YSA), DNV (III YMS), GL (3YS), LR (3S, 3YS H15), SEPROZ, CE, NAKS

Figura 5.6. *Gentileza de* ***VOESTALPINE BÖHLER WELDING.***

Hilo sólido no cobreado EMK6 TOP

Aunque la mayoría de los hilos macizos para la soldadura MAG de acero al carbono vienen recubiertos con un baño de cobre para proteger de la corrosión al acero y mejorar su conductividad, actualmente existen alambres libres de cobre (EMK&-TOP de VOESTAELPINE VÖHLER). En su lugar llevan un lubricante optimizado en su superficie que permite, entre otras cosas, un menor desgaste de las puntas de contacto y humos de soldadura menos nocivos debido a la ausencia de cobre.

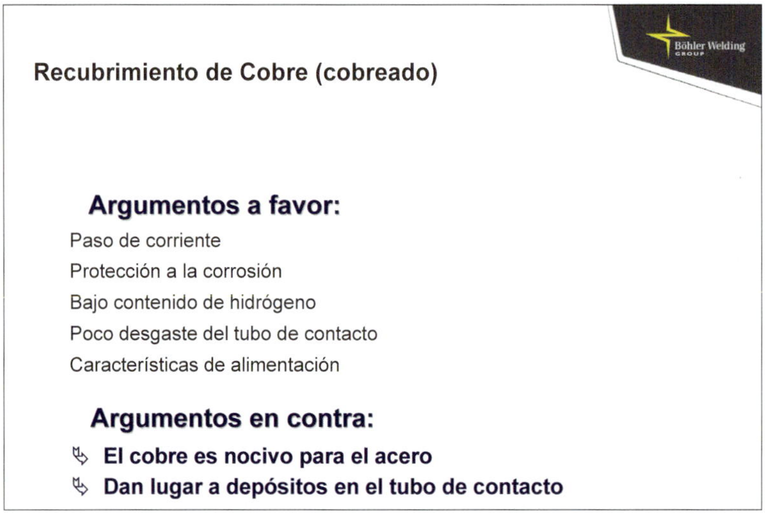

Figura 5.7. *Gentileza de* ***VOESTALPINE BÖHLER WELDING.***

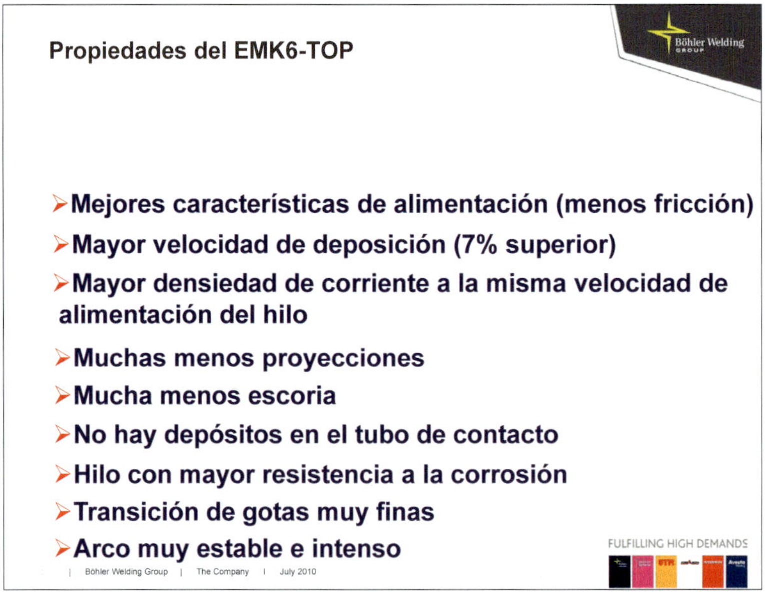

Figura 5.8. *Gentileza de* ***VOESTALPINE BÖHLER WELDING.***

Paso de corriente

			Parámetros de soldeo		
	Lote	Bobina	Hilo [m/min]	Voltaje [V]	Amperaje [A]
EMK 6 TOP	306475 L	K02815	10	31	**320**
EMK 6	654297 N	12883	10	31	**310**

Ley de Ohm: V = I x R

Los datos muestran que la resistencia electrica total es menor en el caso del EMK6 TOP

Figura 5.9. *Gentileza de* ***VOESTALPINE BÖHLER WELDING.***

Velocidad de deposición

			Parámetros de soldeo				
	Lote	Bobina	Corriente [A]	Tensión [V]	Hilo [m/min]	% depositado	Vel. deposición
EMK 6 TOP	306475 L	K02815	300	32	11	**98,50%**	**5,4 kg/h**
EMK 6	654297 N	12883	300	32	10,3	**97,50%**	**5,04 kg/h**

Los datos muestran que la velocidad de deposición del EMK 6 TOP es ligeramente superior (7%)

Figura 5.10. *Gentileza de* ***VOESTALPINE BÖHLER WELDING.***

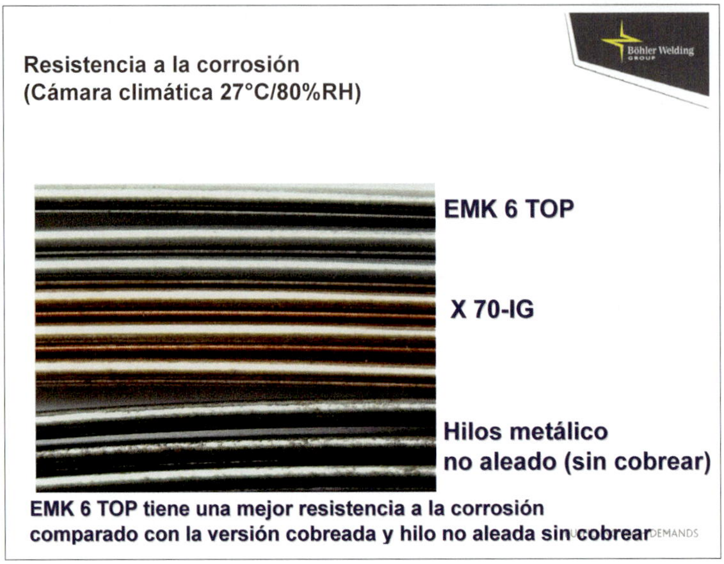

Figura 5.11. *Gentileza de* ***VOESTALPINE BÖHLER WELDING.***

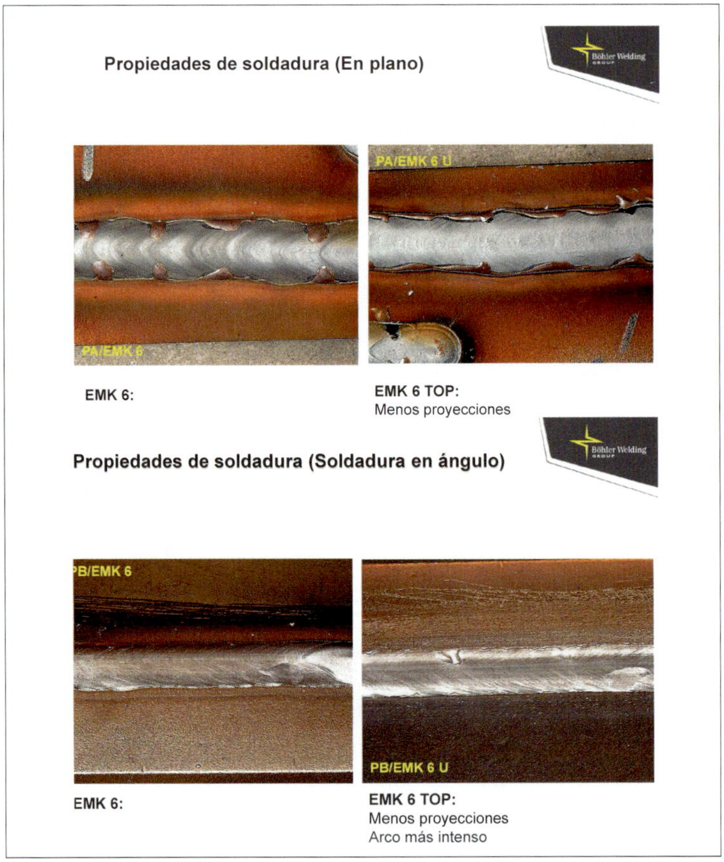

Figura 5.12. *Gentileza de* ***VOESTALPINE BÖHLER WELDING.***

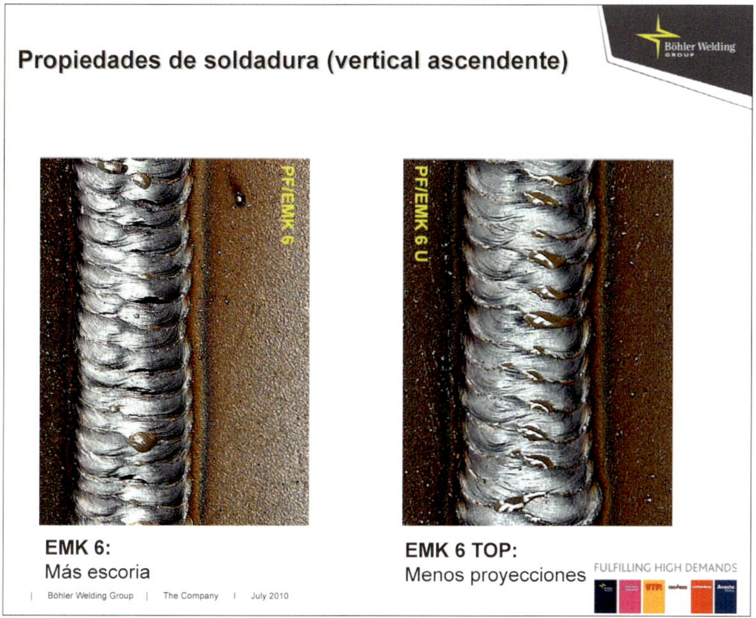

Figura 5.13. *Gentileza de* ***VOESTALPINE BÖHLER WELDING.***

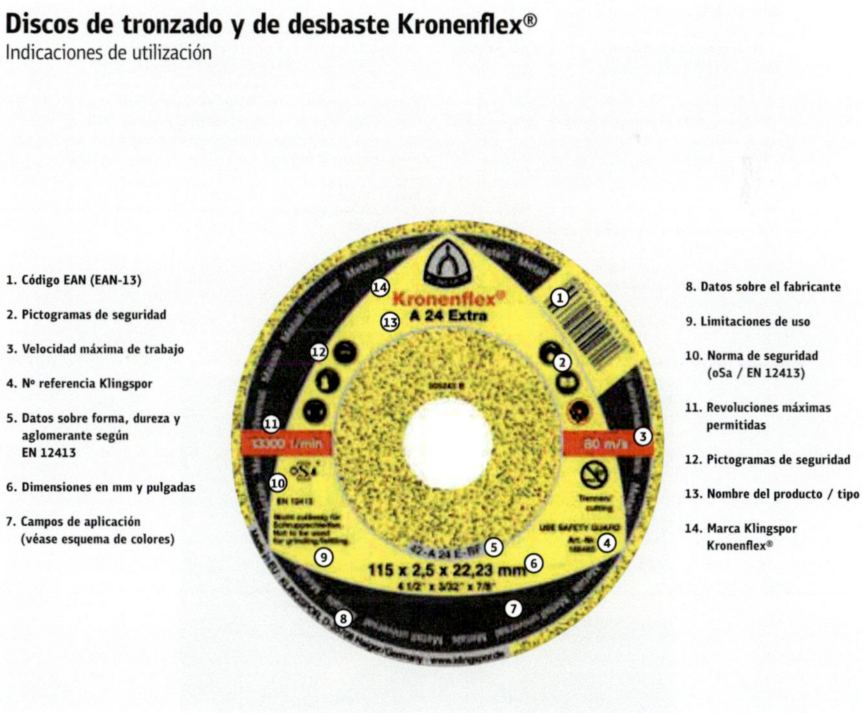

Figura 5.14. *Gentileza de* ***KLINGSPOR.***

Discos de tronzado y de desbaste Kronenflex®

Indicaciones de utilización

	Trimestre
V 01	Enero - Marzo
V 04	Abril - Junio
V 07	Julio - Septiembre
V 10	Octubre - Diciembre

Seguridad y almacenamiento

La durabilidad de los discos de corte y desbaste principalmente se determina por su contenido de humedad. Los discos de corte y desbaste que después de su producción hayan sido expuestos a altos niveles de humedad, perderán un buen porcentaje de su durabilidad inicial. Si se almacenan correctamente se conseguirá una durabilidad casi constante durante años.
Una vez que entren en contacto con agua o vapor los discos de corte y desbaste se convierten en un gran problema de seguridad.
El usuario está obligado a utilizar las herramientas debidamente. Esto también incluye, por razones legales, que se acate la fecha de caducidad. Por todo lo dicho: los discos de corte y desbaste no se pueden ni deben de utlizar más allá de la fecha de caducidad indicada.

Trabajar bajo condiciones seguras...

...se consigue siendo consciente de los peligros existentes
Evite los siguientes peligros durante el trabajo con discos de corte y desbaste:

- El contacto con los discos durante el mecanizado
- Rotura del Disco
- Virutas y polvillo de lijado
- Vibraciones
- Ruido

Utilice medidas de protección personal.
Gafas de protección, guantes, tapones para los oídos, y la mascarilla nunca deben de faltar. Durante los procesos de mecanizado pesados recomendamos protección facial adicional, delantal de cuero y zapatos de seguridad.

Utilice las cubiertas de protección de la maquinaria.
Las cubiertas protectoras de la maquinaria suelen estar montadas desde origen y no deben de ser modificadas bajo ningún concepto. Durante el uso de las cazoletas el área de trabajo debe de estar totalmente cerrado. Además se deben de utilizar solamente en combinación de una cubierta protectora movible, para poder compensar el desgaste de la cazoleta y evitar que quede al descubierto.

Lleve a cabo controles visuales antes del montaje.
Compruebe que el indicador de las revoluciones máximas permitidas en la máquina coincida con lo indicado en el disco. Evite sobrepasar el máximo indicado y permitido en el disco.
Controle cada disco ante posibles roturas antes de montarlo en la maquinaria. En caso de encontrar cualquer tipo de rotura, no utilice ese disco bajo ningún concepto. Nuestros discos de corte y desbaste están provistos con un pictograma de seguridad que le indicará este hecho debidamente.

Maneje los disos de corte y desbaste debidamente.
Un manejo correcto de los discos es fundamental. Se deben de evitar roturas del agujero central o del disco en si, causadas por golpes, fuerza bruta o caídas. Un montaje correcto del disco en la máquina es imprescindible y utilice el plato de soporte indicado para cada producto. Antes de comenzar el proceso de mecanizado cada disco debería de ser probado durante unos 30 segundos con la velocidad adecuada de trabajo.

Rogamos tengan en cuenta necesariamente tanto las normas y regulaciones sobre seguridad de la FEPA al igual de la norma Europea 12413.

Figura 5.15. *Gentileza de* **KLINGSPOR.**

La velocidad óptima

Demasiado baja

En el caso de trabajar con una velocidad demasiado baja, los discos de corte y desbaste suelen „saltar", por lo que puede generarse un desgaste desigual del borde del disco. Este hecho se hace notar sobre todo en el mecanizado de tramos finos, como p.ej. en el corte de chapa o alambre fino, ya que el grano es arrancado del aglomerado y el disco sufre un desgaste desproporcionalmente rápido.

Óptimo

Los discos de corte y desbaste de Klingspor son herramientas de alto rendimiento cuyo desarrollo se basa en que su mejor rendimiento (en relación a la tasa de remoción y el desgaste de la herramienta) tenga lugar justo por debajo de la velocidad máxima de rotación permitida. Es por ello importante que la velocidad de rotación durante el mecanizado sea constantemente alta. Habrá casos específicos que pueda ser necesario utilizar maquinaria con más potencia.

Demasiado alta

Los valores máximos permitidos relativos al número y velocidad de rotación están claramente indicados en cada disco. Rogamos, por su propio bien, tengan en cuenta no superarlos a la hora de trabajar.

La presión adecuada de contacto

Un factor importante para la consecución de un resultado óptimo durante el proceso de corte y desbaste es la correcta dosificación de la presión de contacto. Un error bastante común, para conservar durante más tiempo el disco, es la reducción de la presión de contacto y querer alargar con ello la vida útil del mismo. En el caso de practicar este método, el disco se sobrecalentará (azulamiento) y puede llegar a quemarse. Por ello la presión de contacto debe de ser constante y apropiada y la velocidad máxima debería de estar siempre dentro de los niveles máximos permitidos. Los discos de corte y desbaste de Klingspor son herramientas de alto rendimiento y están concebidos para rendir a su nivel óptimo dentro de los niveles máximos permitidos.

La dureza adecuada

...en los discos de corte

A la hora de elegir el disco de corte apropiado podemos partir de una regla fundamental: Mientras más dura sea la pieza a mecanizar, más blanda debería de ser la construcción de la herramienta abrasiva utilizada. La razón: un factor determinante para la durabilidad de un disco de corte es si la superficie mecanizada se endurece o no. Un calentamiento elevado puede provocar una cristalización del disco, que a su vez disminuirá el poder de corte considerablemente. En este caso debería de elegirse un disco más blando.

...en los discos de desbaste

La regla "mientras más duro sea el material mecanizado, más blanda debe de ser la herramienta abrasiva" también debe de ser aplicada en los discos de desbaste. También se debe de tener en cuenta el campo de aplicación específico.

Cantos y esquinas son afilados y agudos y suelen arrancar con gran facilidad el grano abrasivo del aglutinante. Es por ello que se recomienda utilizar un aglutinante duro. Sin embargo, cuando se tienen que lijar superficies o pequeñas costuras de soldadura, un disco demasiado duro se desafilaría rápidamente y pronto dejaría de cumplir con su cometido. Se conseguiría una buena duración del disco, pero la tasa de remoción sería baja y el coste laboral desproporcionadamente alto.

Para el mecanizado de superficies se debe de elegir un aglutinante entre blando intermedio o blando.

Discos de tronzado y de desbaste Kronenflex®

Indicaciones de utilización

El correcto ángulo de inclinación durante el proceso de corte

A la hora de utilizar un disco de corte, éste sólo se debe de cargar en dirección y ángulo recto de la pieza mecanizada. Sólo así podemos evitar, sobre todo si trabajamos con altas presiones de contacto, sobrecargas y la rotura final del disco de corte.

La pieza mecanizada debe de estar sujeta y montada de tal manera que el disco de corte no pueda deslizarse lateralmente. También se recomienda sujetar el material a mecanizar cerca del lugar elegido a cortar. Así podremos evitar vibraciones

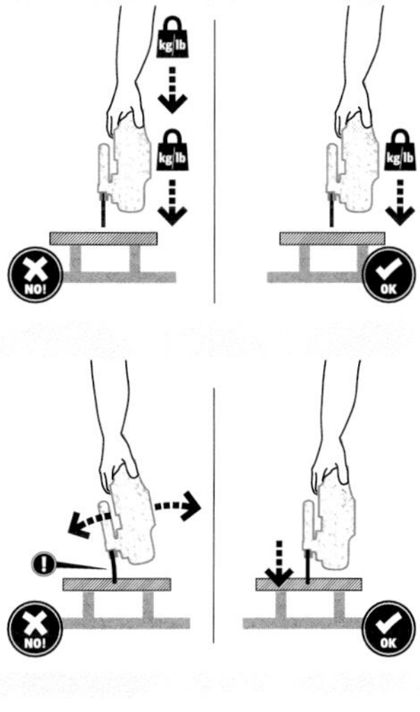

Figura 5.16. *Gentileza de* ***KLINGSPOR.***

El correcto ángulo de inclinación durante el proceso de desbastado

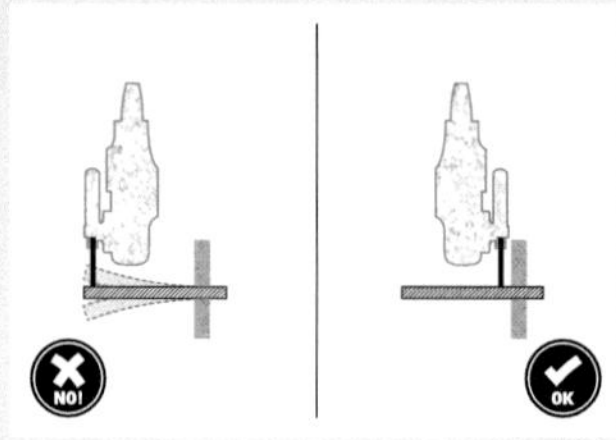

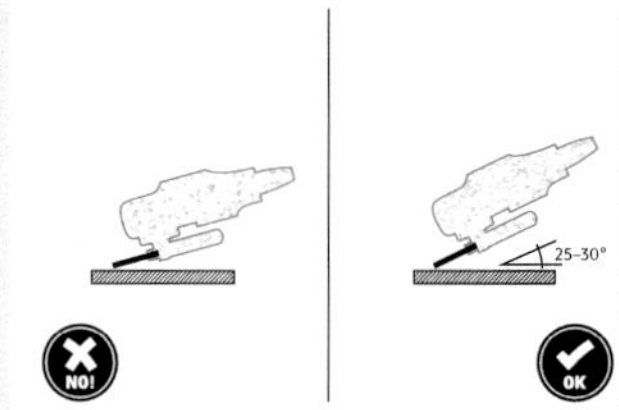

El momento óptimo para el rendimiento de los discos de desbaste es, si el ángulo de trabajo se coloca entre 25-30° a la pieza mecanizada.
Con este ángulo conseguiremos una relación ideal entre tasa de remoción y el desgaste del disco de desbaste. Si posible siempre se debería de trabajar con ese ángulo de trabajo.
Cuando se disminuye el ángulo de trabajo a menos de 15°, podremos observar que el extremo exterior del disco se convierte en un borde afilado. En el momento de variar ligeramente la presión de contacto o el ángulo de trabajo, existe un gran riesgo de que ese borde afilado se resquebraje y rompa. Todo esto conlleva a que el grano abrasivo en esa parte no se esté utilizando correctamente para el desbastado y se tenga que cambiar de herramienta abrasiva con más frecuencia.

El montaje correcto ...

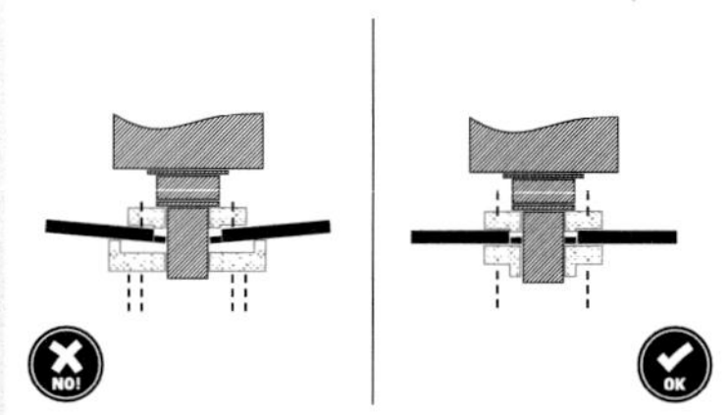

... para una transmisión óptima de potencia

Los discos de corte y desbaste se montan con pletinas de sujeción en la máquina. Mediante estas pletinas de sujeción se transmite la potencia del motor al disco. Por motivo de seguridad es importante no utilizar pletinas de sujeción defectuosas o dañadas.

... y para más seguridad

Sobre todo en los discos de corte finos en su versión recta con diámetros entre 180 mm y 230 mm las pletinas de sujeción FL 76 garantizan una estabilidad lateral aumentada y por ello un corte más seguro. Se deben de tener en cuenta las normas y reglas aplicables durante el montaje y la aplicación de las pletinas de sujeción. La superficie de apoyo y el diámetro de la pletina de sujeción deben de coincidir imperativamente. El uso de pletinas de sujeción con diferentes diámetros no se permite.

Discos de desbaste abombados

4–10 mm de espesor

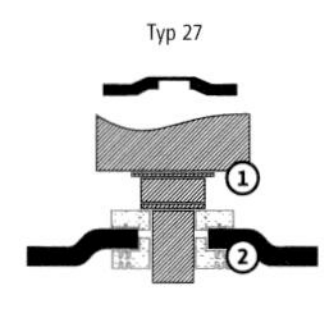

1. Pletina de sujeción
2. Tornillo de sujeción

Discos de corte rectos y abombados

0,8–4 mm de espesor

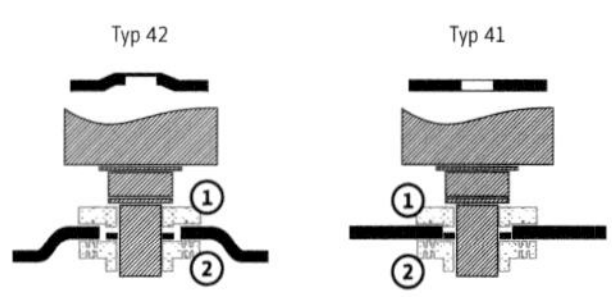

1. Pletina de sujeción
2. Tornillo de sujeción

Figura 5.17. *Gentileza de* ***KLINGSPOR.***

Discos de tronzado y de desbaste Kronenflex®

Indicaciones de utilización

Reconocimiento de errores y como evitarlos

	Identificación	Posible causa	Solución
Discos de corte	Superficie de corte azul	Tiempo de corte demasiado largo	Aumentar la presión de contacto
		Potencia del motor demasiado baja	Utilizar una máquina más potente
		Disco demasiado duro	Elegir un disco más blando
		Sección de corte para el diámetro del disco elegido demasiado grande	Cortar con técnica de corte llamada "corte tipo sierra" / cortar segmentos más pequeños
		Disco de corte demasiado grueso para la aplicación a realizar	Elegir un disco de corte más fino
	Desgaste del disco elevado	Superficie de corte blanca: Dureza del disco demasiado baja	Elegir un disco más duro
		Velocidad de rotación demasiado baja	Aumentar la velocidad de corte
		Caída del régimen de revoluciones demasiado elevada	Disminuir la presión de contacto o utilizar una máquina con más potencia
	Corte torcido	Sujeción de la pieza mecanizada insuficiente	Sujetar el material a mecanizar más cerca del sitio de corte
		Presión de contacto demasiado elevada	Disminuir la presión de contacto
		Grosor del disco para la aplicación demasiado pequeño	Aumentar el grosor del disco
		Disco ha sufrido demasiada presión lateral	Cambiar de disco
	Rotura del disco	Mal manejo de la máquina	Evitar presiones laterales del disco
		Diámetro de pletina de sujeción erróneo	Elegir una pletina de sujeción con el diámetro adecuado
		Haber desbastado con un disco de corte	Nunca utilice un disco de corte para desbastar
		Material a mecanizar con poca sujeción	Material näher an der Schnittstelle einspannen
	La periferia del disco está deshilachada	El disco está quemado en la periferia	Elegir un disco más blando, disminuir la presión de contacto
		Material a mecanizar con poca sujeción	Montar el material a mecanizar más cerca del sitio a cortar
	El disco salta o „baila"	La pletina de sujeción está sucia o desgastada	Limpiar la pletina de sujeción o cambiarla
		Montaje erróneo	Cambiar la máquina
		Las dimensiones entre el núcleo del disco y la máquina no coinciden	Elegir un disco con el núcleo adecuado o utilizar un anillo reductor
	Núcleo roto	El agujero (núcleo) de la pletina no coincide con el agujero del disco	Utilizar una pletina de sujeción con las medidas adecuadas
		Uso incorrecto de la máquina	Disminuir la presión lateral del disco durante el corte
		Haber desbastado con un disco de corte	Nunca utilizar un disco de corte para desbastar
Discos de desbaste	Tasa de remoción demasiado baja	Si la superficie del disco brilla: El disco es demasiado duro	Elegir un disco más blando
		La presión de contacto es baja	Aumentar la presión de contacto
		La potencia de la máquina es baja	Utilizar una máquina más potente
	El disco se „emboza"	El disco es demasiado duro	Elegir un disco más blando
		Embozamiento en metales no-férricos	Elegir un disco más blando o utilizar un disco específico para metales no-férricos
		La presión de contacto es baja	Aumentar la presión de contacto
	Desgaste demasiado elevado	La presión de contacto es demasiado elevada	Disminuir la presión de contacto
		El disco elegido es demasiado blando	Elegir un disco más duro
		Caída del régimen de revoluciones demasiado elevada	Disminuir la presión de contacto
		La potencia de la máquina es demasiado baja	Utilizar una máquina con más potencia
	Periferia irregular / roturas en la periferia	El ángulo de desbastado es demasiado bajo	Aumentar el ángulo de desbastado (por encima de 25°)
		La presión de contacto es demasiado elevada	Disminuir la presión de contacto
	El disco „baila"	El montaje del disco no es centrado	Chequear el diámetro del núcleo del disco y el de la máquina, y en su caso, adaptarlo.
		Máquina desgastada	Cambiar la máquina
		La pletina de sujeción está desgastada, sucia o no es la correcta	Sustituir la pletina de sujeción / limpiarla / chequear las medidas
		El disco no es simétrico a la rotación	Utilizar un disco nuevo

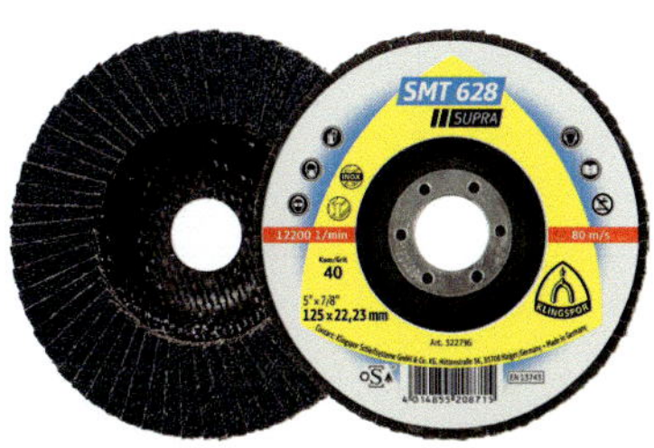

Figura 5.18. *Gentileza de* ***KLINGSPOR.***

Clasificación de los aceros según la AISI/SAE

En este sistema internacional, los aceros se clasifican con cuatro dígitos:

Primer dígito. Indica la aleación principal con uno de los siguientes números:

1. Carbono.
2. Níquel.
3. Níquel-cromo, siendo este último el principal aleante.
4. Molibdeno.
5. Cromo.
6. Cromo-vanadio.
7. Tungsteno-cobalto (son aceros resistentes al calor que prácticamente no se fabrican).
8. Níquel-cromo-molibdeno, siendo el molibdeno el principal aleante.
9. Níquel-cromo-molibdeno, siendo el níquel el principal aleante.

Segundo dígito. Sirve para indicar si la aleación ha sido modificada.

0. Acero sin modificaciones.
1. Acero al que se le ha añadido azufre para mejorar su mecanizado.
3. Se ha agregado manganeso.

Tercer dígito. Indica la cantidad de carbono en centésimas.

Ejemplo: 1030 es un acero al carbono sin modificaciones que contiene un 0,30 % de carbono.

Bibliografía

Rivas Arias, José María, *Soldadura eléctrica y sistemas TIG y MAG,* Ediciones Paraninfo.

Jeffus, Larry, *Soldadura: principios y aplicaciones,* Ediciones Paraninfo, 2009.

Filler metals bestseller for joining applications. VOESTAELPINE VÖHLER WELDING.

TRYTIPS: Clasificación de aceros. www.trytech.com.ar

- www.3m.com.es
- http://www.bluemaster.es/
- www.carburos.com
- www.castolin.com/es
- www.codesol.com
- https://elecyaeronautica.centrosdeformacion.empleo.madrid.org/
- www.fronius.com/es-es/spain/tecnologia-de-soldadura
- www.galagar.com
- www.huntingdonfusion.com
- http://ifapmadrid.com/
- http://www.itw-welding.es/
- www.klingspor.de/es-es/es-es-start
- http://www.legrand.es/
- www.messer.es
- www.pferd.com/es-es/
- http://www.teledyneicm.com/
- http://www.voestalpine.com/welding/es